멘델이 들려주는 유전 이야기

멘델이 들려주는 유전 이야기

초　판　1쇄 발행일 | 2005년 2월 1일
개정판　1쇄 발행일 | 2010년 9월 1일
개정판 19쇄 발행일 | 2021년 5월 28일

지은이 | 황신영
펴낸이 | 정은영
펴낸곳 | (주)자음과모음

출판등록 | 2001년 11월 28일 제2001-000259호
주　　소 | 04047 서울시 마포구 양화로6길 49
전　　화 | 편집부 (02)324-2347, 경영지원부 (02)325-6047
팩　　스 | 편집부 (02)324-2348, 경영지원부 (02)2648-1311
e-mail | jamoteen@jamobook.com

ISBN 978-89-544-2002-0 (44400)

㈜자음과모음

멘델을 꿈꾸는 청소년을 위한 '유전' 이야기

생물학의 역사에서 가장 놀라운 발견 중 하나가 멘델의 유전 법칙입니다. 많은 과학자들이 유전의 신비를 알아내기 위해 노력했지만, 어떤 식으로 유전이 되는지에 대해서는 명확히 밝히지 못하고 있었습니다. 결국 유전 법칙을 알아낸 사람은 수도사 출신의 멘델이었습니다. 멘델이 유전 법칙을 발견함으로써 유전학이라는 학문이 생겨나게 되었고, 요즘 한창 화제가 되고 있는 복제양 돌리, 배아 복제, 게놈, 줄기 세포, 유전자 조작 생물 등과 같은 연구 결과가 나올 수 있었으니 실로 멘델이 우리 생활에 기여한 바가 큽니다.

유전이란 말은 여러분에게 그리 낯설지 않을 것입니다. 하지만 실제 유전 현상이 어떻게 일어나는 것인지에 대해서는 아마도 자세히 알지 못하고 있을 것입니다.

이 책은 여러분이 유전에 대해 쉽게 이해할 수 있도록 멘델과 11일간의 수업을 하는 것으로 구성되어 있습니다. 11일간의 수업을 통해 옛날 사람들이 생각한 유전 방법, 유전의 법칙, 사람의 유전 형질 등을 자연스럽게 배울 수 있습니다.

저는 여러분이 이 책을 통해 멘델이 발견한 세 가지 유전 법칙을 확실하게 아는 것도 중요하지만, 멘델처럼 독창적으로 생각할 수 있는 능력을 키웠으면 합니다. 멘델은 고정 관념을 버리고 유전 물질을 입자로 생각했기 때문에 유전 현상의 베일을 벗길 수 있었으며, 생물학에 통계를 이용하여 좀 더 객관적이고 과학적인 연구 결과를 얻을 수 있었습니다.

끝으로 이 책을 출간하기까지 많은 도움을 주신 출판사 관계자 여러분과, 좋은 책을 쓸 수 있도록 도와준 후배 진주에게도 감사의 마음을 전합니다.

황 신 영

차례

부록

첫 번째 수업 1

옛날 사람들이 생각한 유전 현상은?

유전이란 부모의 형질이 자손에게 전해지는 것을 말합니다.
옛날 사람들은 유전에 대해 어떻게 생각했는지 알아봅시다.

첫 번째 수업

옛날 사람들이 생각한 유전 현상은?

교. 중등 과학 3 8. 유전과 진화

과.

연.

계.

멘델이 형질에 관한 이야기로 첫 번째 수업을 시작했다.

여러분의 모습은 누구를 닮았나요?

__ 부모님이요.

그렇다면 부모님의 어느 부분을 닮았나요? 조금 더 자세히 말해 볼까요?

__ 제 눈의 쌍꺼풀은 엄마를 닮았고요, 제 머리카락 색은 아빠와 똑같아요.

이런 경우에 쌍꺼풀은 어머니에게 물려받은 특징이고, 머리카락 색은 아버지에게 물려받은 특징이라고 할 수 있습니다.

이렇게 부모로부터 자손에게 전달되는 몸의 생김새와 크

쌍꺼풀이 있는
엄마

진한 머리카락 색
아빠

쌍꺼풀이 있고 진한
머리카락 색 아들

기, 성질 등을 형질이라고 합니다. 여러분이 말한 쌍꺼풀, 머리카락 색 등이 모두 형질인 것이지요. 그렇다면 유전에 대해 다음과 같이 말할 수 있겠군요.

유전이란 부모의 형질이 자손에게 전해지는 현상을 말한다.

우리는 어른들이 종종 '누구네 집 딸은 엄마를 닮아서 미인이야', '아무개는 어쩜 부모님이랑 전혀 닮지 않았을까?'라고 말하는 것을 들을 수 있습니다. 여러분 중에는 아버지나 어머니를 닮은 사람이 있는 반면 닮지 않은 사람도 있고, 아버지와 어머니를 골고루 닮은 사람도 있을 것입니다. 그렇다면 유전 현상은 어떻게 일어나는 것일까요? 왜 부모가 같아도 형제자매는 다른 모습을 하고 태어나는 것일까요?

학생들은 아무도 대답하지 못하였다.

내가 여러분에게 이야기하려는 게 바로 '유전에는 어떤 법칙이 있을까?' 하는 것입니다. 우선 유전 현상이 어떻게 일어나는 것인지 이야기하기 전에, 옛날 사람들의 생각을 먼저 알아보도록 하지요.

옛날 사람들도 유전 현상에 대해 관심을 가지고 있었습니다. 비록 '유전'이라는 말은 붙이지 않았지만, 자식들의 모습이 부모와 닮는다는 사실을 알고 있었기 때문에 그 이유에 대한 궁금증을 품고 있었지요.

고대 인도 인들은 어떤 질병이 특정 가족에게 잘 나타난다는 사실을 발견하고, 자식은 부모로부터 모든 것을 물려받는다고 생각했습니다. 고대에는 철학자들이 과학 분야에도 관심을 가지고 여러 가지 법칙을 만들었지요. 이 중에서 어떤 학자는 부모와 닮지 않은 자손이 태어나는 것에 대해 다음과 같이 주장했답니다.

"대부분의 자식은 부모를 닮지만, 어머니가 아기를 임신하고 있을 때 조각상에 정신을 팔면 그 영향으로 부모와 닮지 않은 자식이 태어난다."

좀 황당한 주장이지만, 그 당시에는 그의 말을 믿는 사람들이 있었다는군요.

고대 그리스의 유명한 의사인 히포크라테스(Hippocrates, B.C.460?~B.C.377?)도 유전과 관련하여 이론을 펼쳤습니다. 히포크라테스는 부모의 형질이 어떻게 자손에게 전달되는지, 그 방법에 대해 궁금증을 가지고 연구한 결과 다음과 같은 설명을 하였지요.

"남자와 여자는 각각 자신의 유전적 특성을 가진 액체를 만들어 낸다. 두 액체가 서로 만나 경쟁을 하며 자식에게 유전적 특성을 전달하는데, 누구의 액체가 더 많은 영향을 주는

지에 따라 아빠를 닮을지, 엄마를 닮을지가 결정된다.”

그렇다면 일반 사람들은 유전 현상에 대해 어떤 것을 알고 있었을까요? 사람들은 가축을 기르고 곡식을 재배하기 시작하면서, 사람의 유전뿐만 아니라 동물과 식물의 유전에도 많은 관심을 가지게 되었습니다. 자손은 어버이를 닮는다는 것을 경험으로 알게 된 것이지요.

그래서 좀더 우수한 품종을 얻기 위해 사람들은 곡식의 씨앗 중에서 부실한 것은 버리고 튼튼한 것만 골라 뿌린다거

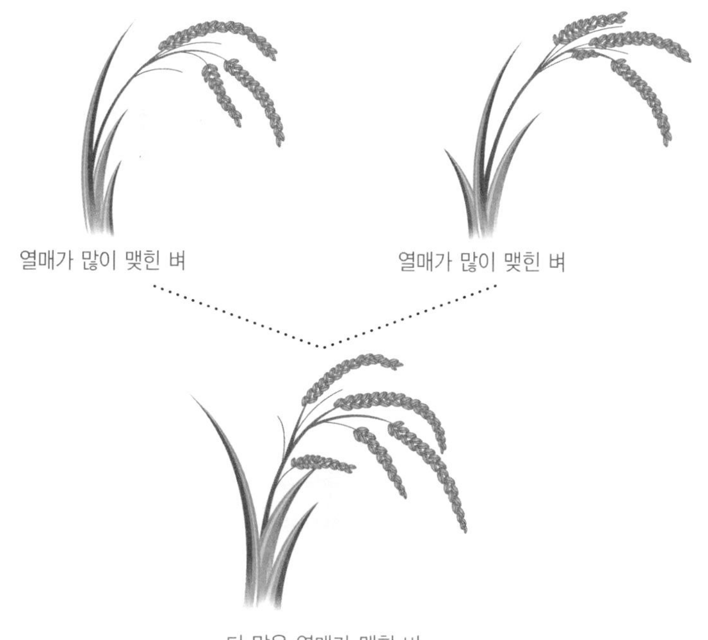

나, 젖이 많이 나오는 젖소끼리 교배하는 방법을 이용하였습니다.

이런 식으로 여러 생물의 품종을 개량하였지요. 그러는 동안 생물의 형질이 환경, 특히 영양과 기후 조건의 영향을 받는다는 사실을 알게 되었고 유전 현상은 좀 더 복잡한 것으로 생각되었습니다.

많은 학자들이 여러 가지 생물을 대상으로 유전 연구를 하였지만, 왜 그런 현상이 나타나는지 확실한 법칙을 알아낸 사람은 아무도 없었습니다. 그래도 사람들은 부모의 형질이 자손에게 섞여 나타난다는 사실만은 확신하고 있었지요. 이런 이론을 혼합설이라고 합니다.

혼합설이란 검정 물감과 하얀 물감을 섞으면 회색이 되듯이, 부모의 형질도 자손에게 골고루 섞여 나온다는 이론입니다. 예를 들어, 키가 큰 아버지와 키가 작은 어머니 사이에서 태어난 자식은 키가 큰 아버지의 형질과 키가 작은 어머니의 형질이 섞여서 중간 키를 갖게 된다고 생각했습니다.

여러분은 혼합설에 대해 어떻게 생각하나요?

한 학생이 손을 들고 자신의 생각을 발표했다.

키가 큰 아빠 키가 작은 엄마 중간 키의 자식

__선생님, 유전 현상이 그런 방법으로 일어난다면 아까 부모님과의 닮은 점을 이야기했을 때의 결과와 맞지 않습니다.

어떤 점이 맞지 않나요?

__쌍꺼풀이 있는 어머니와 쌍꺼풀이 없는 아버지 사이에서 태어난 아이는 한쪽 눈에만 쌍꺼풀이 있거나 눈의 반쪽에만 나타나야 하지 않을까요? 머리카락 색이 아버지와 같다는 아이도 마찬가지로, 어머니와 아버지의 머리카락 색을 섞은 색깔이 나와야 합니다.

네, 정확한 지적이군요. 옛날 사람들이 생각한 유전 법칙대로라면 절대로 그런 결과가 나오지 않겠지요. 그리고 또한 가지, 혼합설로 설명할 수 없는 예가 있답니다. 부모님이 모두 쌍꺼풀을 가지고 있을 때, 자식은 모두 쌍꺼풀이 있어야겠지요? 그런데 쌍꺼풀이 없는 자식이 나오는 경우가 있어요. 이것은 혼합설로 도저히 설명할 수 없습니다.

그러면 한 가지씩 정리를 해 봅시다. 부모님과 닮은 점을 이야기한 내용 중 쌍꺼풀 이야기가 있었지요? 눈의 모양은 형질 중 한 가지로, 쌍꺼풀을 가지거나 가지지 않거나 둘 중 하나의 형태로 나타나지요. 이 눈의 모양이 어떻게 유전되는지를 알고 싶은데, 어떻게 연구해야 할까요? 쌍꺼풀이 있는 사람과 없는 사람을 결혼시켜 어떤 자손이 나오는지 알아볼까요?

__안 돼요.

학생들이 웃으며 대답했다.

왜 안 될까요?

__사람을 마음대로 결혼시킬 수 없어요.

__사람의 유전을 연구하려면 시간이 너무 오래 걸려요.

__자손의 수가 적어서 확실한 유전 법칙을 알 수 없어요.

네, 사람을 대상으로 유전 연구를 하는 데는 지금 말한 것과 같은 여러 문제점들이 있습니다. 그래서 나는 여러 가지 식물을 대상으로 조사한 결과 완두가 유전 연구에 가장 적합하다는 것을 알아냈지요.

다음 수업 시간에는, 내가 왜 완두를 가지고 유전 연구를 시작했는지 그 이유를 설명하겠어요.

만화로 본문 읽기

무슨 고민이 있어?
표정이 안 좋아 보여.

이번에 낳은 아이가 나나 부인을 닮지 않아서 그래.

부인이 아기를 임신하고 있을 때 조각상에 정신을 팔면 그 영향으로 부모와 닮지 않은 자식이 태어나는 거야.
아, 그래?

무슨 소리, 남녀는 각각 유전적 성질을 갖는 액체를 만들어서 경쟁하는 거야. 그중 영향을 많이 주는 쪽을 닮는 거야.
아, 그래?

자네 같은 경우 둘이 똑같이 영향을 줘서….
무슨 소리, 임신할 때 조각상을 너무 많이 봐서야.

내 말이 맞다고.
조각상 때문이라니깐!
대체 누구 말이 맞는 거야?

두 번째 수업 2

왜 완두로 실험했을까요?

완두는 유전 연구를 하기에 적합한 대립 형질을 가지고 있습니다.
대립 형질이 무엇을 의미하는지 알아봅시다.

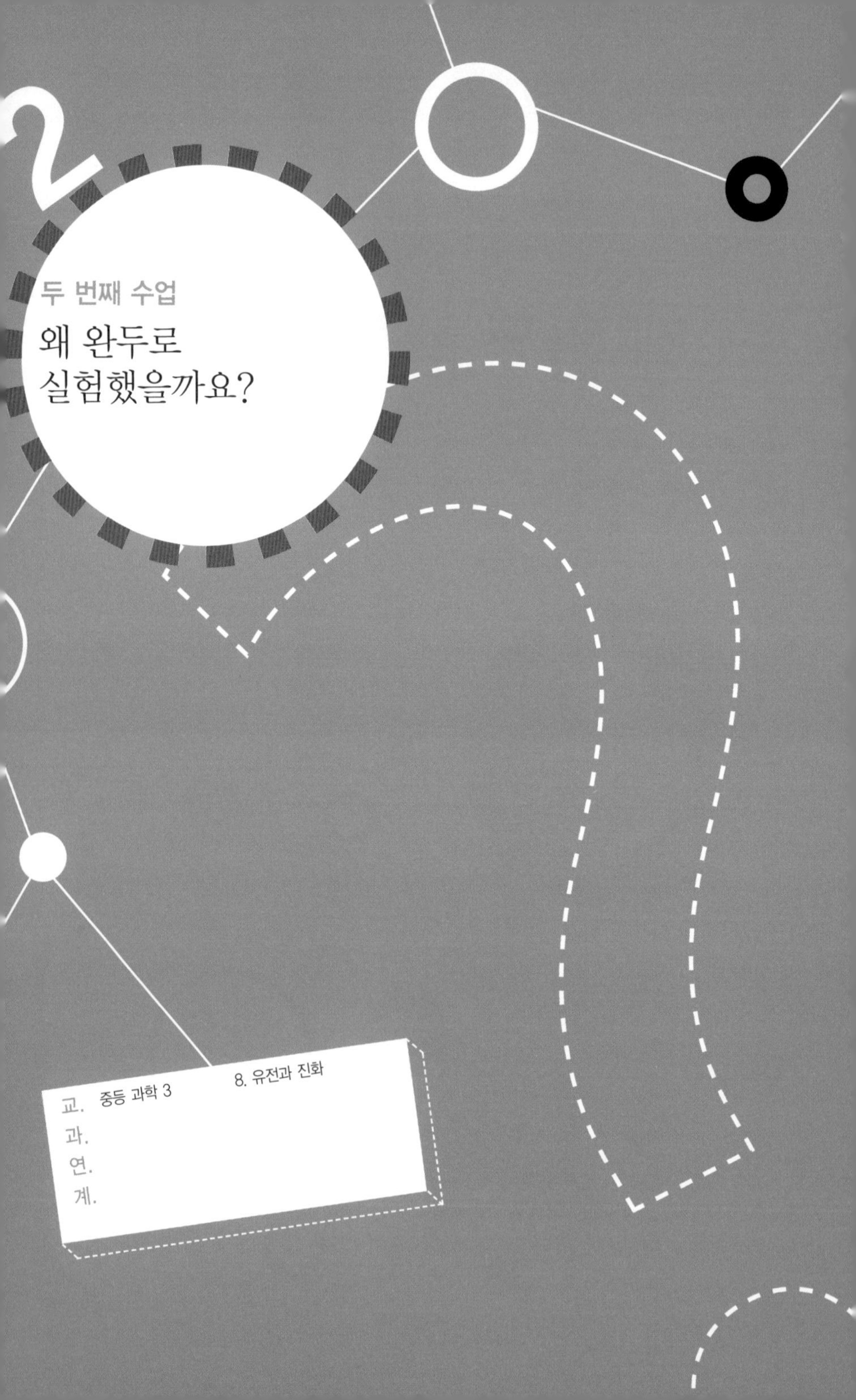

두 번째 수업

왜 완두로 실험했을까요?

교과연계.

중등 과학 3 — 8. 유전과 진화

멘델은 지난 시간에 대한 복습으로 두 번째 수업을 시작했다.

지난 시간에는 유전의 뜻과 옛날 사람들이 생각한 유전 현상에 대해 공부했습니다. 유전 현상을 설명하는 이론 중에는 엉뚱한 얘기들도 있었지요? 본격적으로 유전 실험에 대해 이야기하기 전에, 지난 수업 시간에 얘기했던 '형질'이 무엇인지 다시 이야기해 봅시다.

부모로부터 자손에게 전달되는 신체의 모양, 크기, 성질 등을 형질이라고 해요. 그렇다면 사람이 갖고 있는 형질에는 어떤 것이 있을까요?

키, 몸무게, 혀 말기, 쌍꺼풀, 보조개, 지능 등이 있습니다.

나는 사람의 형질을 이렇게 나누어 보았답니다.

키 몸무게 지능

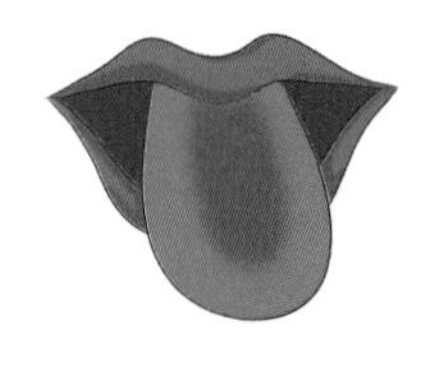

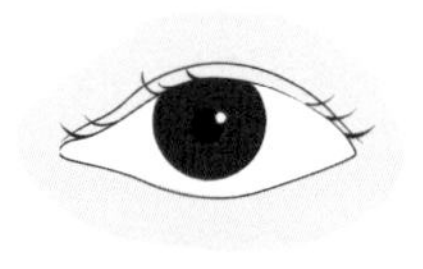

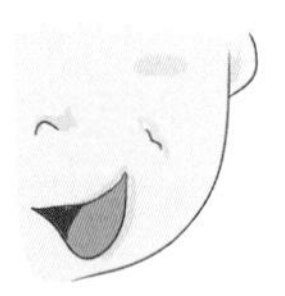

혀 말기 쌍꺼풀 보조개

어떤 기준으로 나누었는지 알 수 있나요? 너무 어려운가요? 그렇다면 다음 그림을 보고 맞혀 보세요.

눈치가 빠른 학생은 이 그림을 보고 두 무리로 나눈 형질의 차이점을 알 수 있을 거예요.

앞에 나온 키, 몸무게, 지능은 사람마다 다양하게 나오지요? 반면에 혀 말기, 쌍꺼풀, 보조개는 좀 다릅니다. 혀 말기가 되는 사람과 되지 않는 사람, 쌍꺼풀이 있는 사람과 없는 사람, 보조개가 있는 사람과 없는 사람 이렇게 두 가지로만 나뉘어요.

'혀 말기가 되는 형질-혀 말기가 되지 않는 형질', '쌍꺼풀이 있는 형질-쌍꺼풀이 없는 형질', '보조개가 있는 형질-보조개가 없는 형질'처럼 서로 상대적인 관계에 있는 형질을 대립 형질이라고 합니다.

나는 유전 연구를 위해서 먼저 어떤 생물을 골라야 할지 고민하다가 몇 가지 조건을 내세웠지요.

첫 번째, 값이 싸고 기르기가 쉬워야 합니다. 아무리 좋은 실험 생물이라 해도 비싸고 기르기가 까다로우면 연구하는 데 어려움이 많을 테니까요.

두 번째, 교배하기 쉽고 한번에 많은 자손을 얻을 수 있어야 합니다. 나는 유전 연구를 위해 수학의 통계를 사용했는데, 자손의 수가 적다면 신뢰성이 낮고 일반화하기 어려워 유전 법칙을 알아내기가 힘들겠지요?

세 번째, 생장 기간이 짧아야 합니다. 다 자라서 자손을 얻기까지 오랜 시간이 걸린다면 늙어 죽을 때까지 연구를 끝내지 못하겠지요?

네 번째, 대립 형질이 뚜렷해야 합니다. 나는 이전의 과학자들이 '생물의 탄생에서 죽음까지'를 연구 대상으로 삼았기 때문에 유전 법칙을 발견하지 못한 것이라고 생각했어요. 그러니 대립 형질이 뚜렷한 생물을 선택해야 부모의 형질이 자손에게서 어떻게 나타나는지 알 수 있겠지요?

이런 여러 가지 기준으로 따져 보니 동물은 적합하지 않았어요. 기르기도 쉽지 않은데다 내가 원하는 것끼리 교배를 시키기도 어렵고, 식물과 같이 한 번에 많은 자손을 얻지도 못하고, 다 자라는 데 걸리는 시간이 너무 길어서 동물은 유전 연구 후보에서 빠졌답니다. 그래서 생각한 것이 식물이었어요. 식물의 경우는 동물보다 훨씬 조건에 잘 맞았지요.

그 다음의 문제는 '과연 많은 식물 중에서 어떤 것을 선택해야 하는가?'였답니다. 그래서 여러 가지 식물을 길러 본 결과 완두가 가장 적합하다는 판단을 내리게 되었지요. 완두는 값이 싸고 기르기가 쉬웠어요.

음식 재료이니 쉽게 구할 수 있었고, 물과 비료만 알맞게 주면 잘 자랐으며, 꽃의 구조를 살펴보면 암술과 수술이 같이 있기 때문에 교배하기도 쉬웠답니다. 또한 완두를 심어서 열매를 맺기까지의 기간이 짧기 때문에 짧은 시간에 많은 수의 완두를 얻을 수 있었지요.

나는 여러 종류의 완두를 2년간 길러 뚜렷한 대립 형질 7가

완두의 모양	둥근 콩	주름진 콩
완두의 색깔	노란색	초록색
꽃의 색깔	자주색	하얀색
꼬투리의 모양	잘록한 것	밋밋한 것
꼬투리의 색깔	초록색	노란색
꽃과 꼬투리가 달린 위치	줄기 마디에 달린 꽃과 꼬투리	줄기 끝에만 달린 꽃과 꼬투리
잎과 잎 사이의 줄기 길이	잎 사이가 짧은 줄기	잎 사이가 긴 줄기

지를 찾아내었어요. 그 형질은 왼쪽의 그림과 같답니다.

이렇게 2년간 완두를 길러 본 결과, 나는 완두가 유전 연구에 알맞은 조건을 가지고 있다는 것을 발견했습니다. 그래서 내가 살고 있는 수도원 뒤쪽에 밭을 만들어서 완두를 기르게 되었답니다.

다음 수업 시간에는 완두를 교배하는 방법에 대해 설명하겠어요.

과학자의 비밀노트

교배와 교잡

두 개체를 수분시키거나 수정시키는 것을 교배라 하고, 특히 유전자형(형질을 결정하는 유전자의 조합을 기호를 사용하여 나타낸 것, 예를 들어 둥근 완두의 유전자형은 RR로 나타낸다.)이 다른 두 개체를 수분 또는 수정시키는 것을 교잡이라고 한다.

만화로 본문 읽기

완두콩을 이용해서 멘델의 유전 법칙을 공부해 봐요.
선생님, 질문이 있어요.

멘델은 왜 사람이나 동물이 아닌 완두콩으로 실험했나요?

좋은 질문이에요. 그런데 멘델이 만약 사람이나 동물로 실험했다면 어떻게 됐을까요?

사람이나 동물은 성장 기간이 길어서 손자까지만 연구해도 아주 오래 시간이 걸리죠. 또한 많은 자손을 얻기도 힘들어요.
아휴, 이 연구는 언제 끝나나.

또한 대립 형질도 뚜렷하지 않죠.
그러니까 얘가 메리였나, 뽀삐였나?

유전 연구를 위해서는 다음과 같은 조건을 갖춘 생물이 필요하답니다.
1. 값이 싸고 기르기 쉬워야 한다.
2. 교배하기 쉽고 한 번에 많은 자손을 얻을 수 있어야 한다.
3. 생장 기간이 짧아야 한다.
4. 대립 형질이 뚜렷해야 한다.
아~

세 번째 수업

3

식물의 생식 기관

식물은 어떻게 해서 자손을 남길까요?
식물의 생식 방법을 알아봅시다.

3

세 번째 수업

식물의 생식 기관

교. 과. 연. 계.

초등 과학 5-1 　5. 꽃

중등 과학 2 　4. 식물의 구조와 기능

중등 과학 3 　8. 유전과 진화

멘델이 식물의 생식 기관에 대해 세 번째 수업을 시작했다.

식물의 생식 기관은 무엇일까요? 내가 완두콩을 가지고 한 유전 실험을 이해하려면 먼저 식물이 어떻게 자손을 남기는지를 알아야 합니다.

생식이란 생물이 자신과 닮은 새로운 개체를 만들어 자손을 남기는 것을 말한다.

생식과 관계있는 기관을 생식 기관이라고 합니다. 그렇다면 식물의 생식 기관은 무엇일까요?

__꽃입니다.

맞아요. 꽃의 구조는 다음과 같습니다.

꽃은 꽃잎, 꽃받침, 수술, 암술로 이루어져 있다.

이 중에서 생식과 관계된 것은 수술과 암술이다.

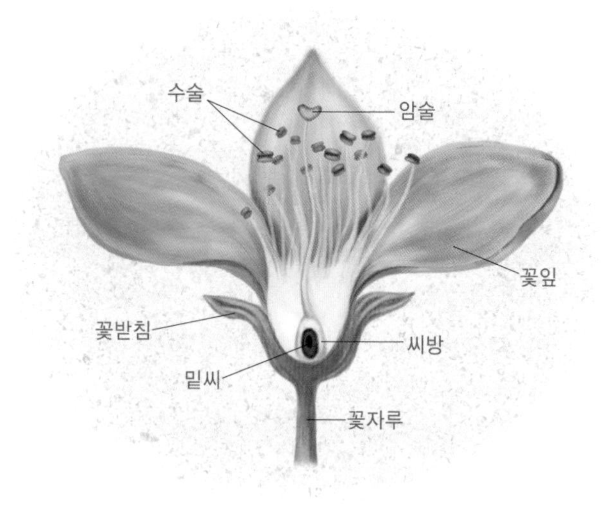

그러면 열매는 어떻게 맺게 되는 것일까요? 다음은 식물에서 열매가 맺히는 과정입니다.

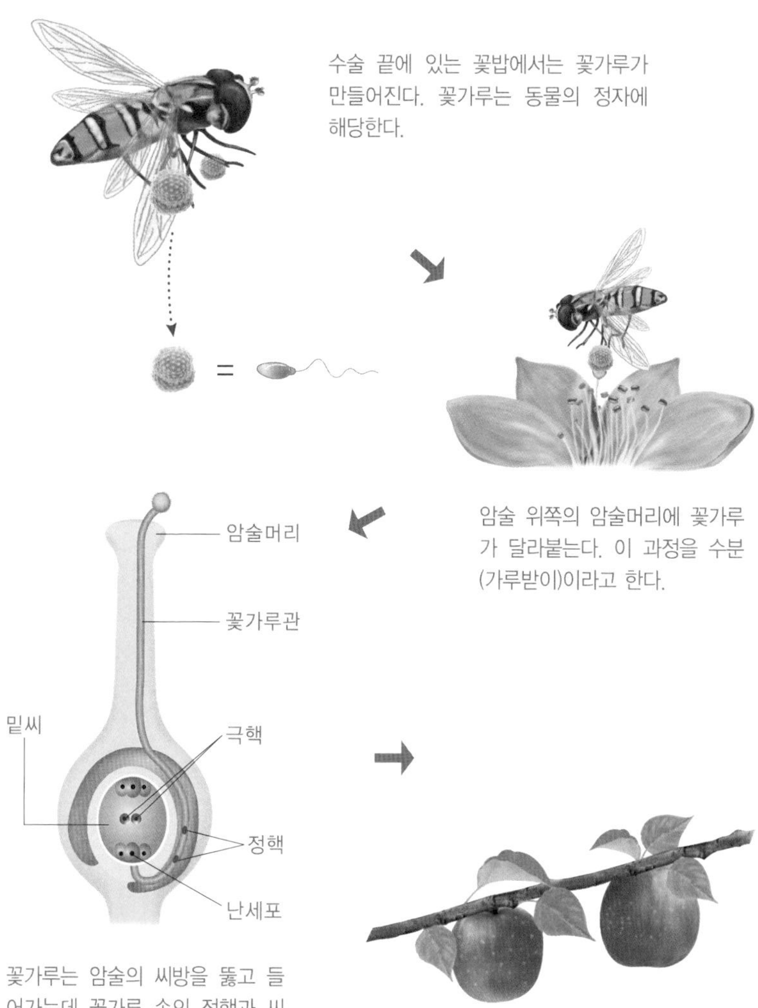

수술 끝에 있는 꽃밥에서는 꽃가루가 만들어진다. 꽃가루는 동물의 정자에 해당한다.

암술 위쪽의 암술머리에 꽃가루가 달라붙는다. 이 과정을 수분(가루받이)이라고 한다.

꽃가루는 암술의 씨방을 뚫고 들어가는데 꽃가루 속의 정핵과 씨방 속의 밑씨에 들어 있는 난세포, 극핵과 각각 만난다. 이것을 중복 수정이라고 한다. 밑씨는 동물의 난자에 해당한다.

꽃이 지면 씨방은 열매로 자라고 밑씨는 씨로 자라게 된다.

그런데 꽃 중에는 암술과 수술이 한 꽃 안에 들어 있는 종류도 있고, 암술과 수술 중 하나만 갖고 있는 종류도 있습니다. 이러한 꽃을 다음과 같은 용어로 부릅니다.

양성화 : 암술과 수술을 모두 가지고 있는 꽃
예) 완두, 복숭아, 사과
단성화 : 암술과 수술 중 하나만 가지고 있는 꽃
예) 호박, 소나무, 오이
(암꽃–암술만 가진 꽃, 수꽃–수술만 가진 꽃)

동물로 말하면 양성화는 암수한몸인 생물이고, 단성화는 암수딴몸인 생물인 셈이지요.

수분 방법에 따라 자가 수분과 타가 수분을 하는 꽃으로 나뉩니다.

여기서 자가 수분과 타가 수분을 왜 구분하는지, 그 이유를 아는 것이 중요해요.

한 꽃 안에서 수분이 일어나는 자가 수분의 결과 생기는 열매는 이 꽃의 형질만 갖게 되지만, 다른 꽃의 꽃가루와 수분이 일어나는 타가 수분의 결과 생기는 열매는 꽃가루를 준 꽃과 암술이 있는 꽃의 형질 모두를 갖게 된답니다.

나의 모든 것을
물려받았어요!

자가 수분

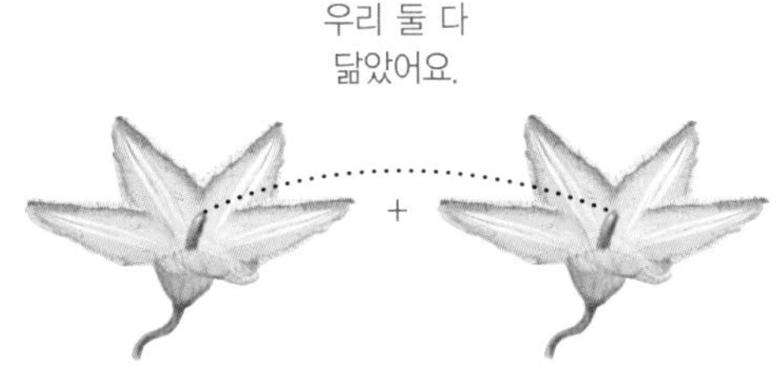
우리 둘 다
닮았어요.
+

타가 수분

그래서 타가 수분은 식물의 품종을 개량하는 연구에서 많이 사용되지요. 예를 들어, 빨리 자라고 많은 열매를 맺는 벼를 얻기 위해 빨리 잘 자라는 벼와 열매가 많이 맺히는 벼를 타가 수분하여 볍씨를 얻습니다. 이 볍씨를 심어 이 중에서 빨리 자라고 열매가 많이 맺히는 것만을 또 골라 볍씨를 얻고……. 이런 과정을 되풀이하여 생장 속도가 빠르고 많은 열매가 열리는 우수한 품종의 벼를 얻는 것이지요.

우리가 앞으로 공부할 완두의 꽃 모양은 암술과 수술이 한 꽃 안에 들어 있습니다. 그리고 암술이 수술 쪽으로 구부러져 있어 타가 수분뿐만 아니라 자가 수분도 잘 일어나게 생겼습니다. 그래서 유전 연구를 하는 데 편리했지요.

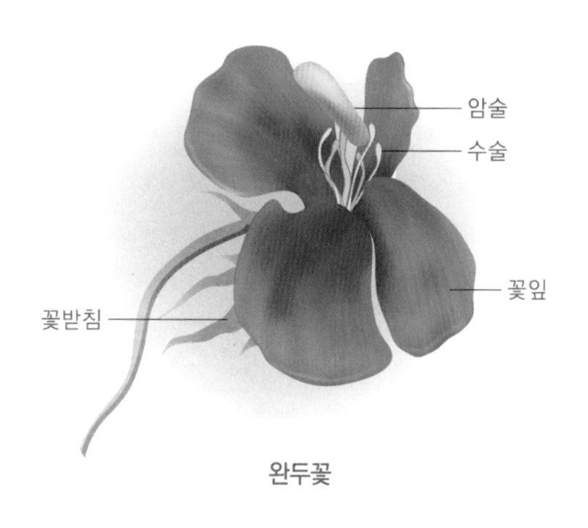

완두꽃

식물의 생식 방법과 완두꽃의 특징에 대해서는 이제 잘 알 수 있을 것입니다. 그러면 지난 수업 시간에 얘기했던 7가지 형질을 찾아낸 방법에 대해 설명하지요.

나는 여러 가지 품종의 완두를 2년간 길러 관찰한 뒤 유전 연구에 이용할 7가지 형질을 골라냈습니다. 지난 수업 시간에 말한 완두콩의 모양, 완두콩의 색깔, 꼬투리의 모양, 꼬투리의 색깔, 꽃의 색깔, 꽃과 꼬투리가 달린 위치, 잎과 잎 사이 줄기의 길이입니다. 이 7가지 형질을 고른 이유는 눈으로 구별하기 쉽고, 각각 대립 형질이었기 때문이지요.

그 다음에는 각각의 형질을 가진 완두를 심어 계속 같은 형질을 나타내는 완두만을 골라냈답니다. 무슨 말인지 잘 모르겠다고요?

내가 실험한 방법을 그림으로 설명할게요.

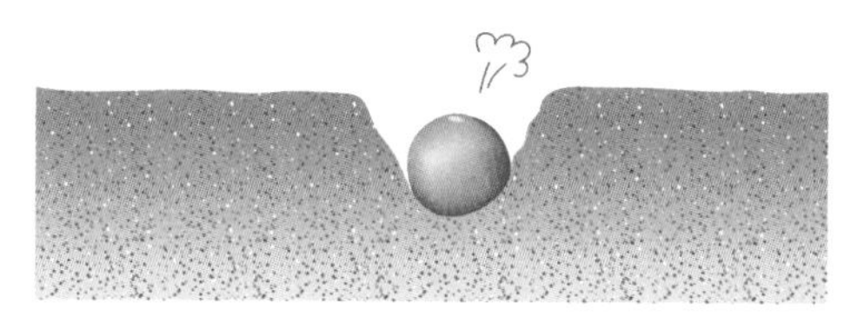

1. 둥근 모양의 완두를 밭에 심는다.

2. 완두꽃이 꽃봉오리 상태일 때 봉지를 씌운다.

3. 완두꽃이 진 후 꼬투리 속의 열매를 모은다.

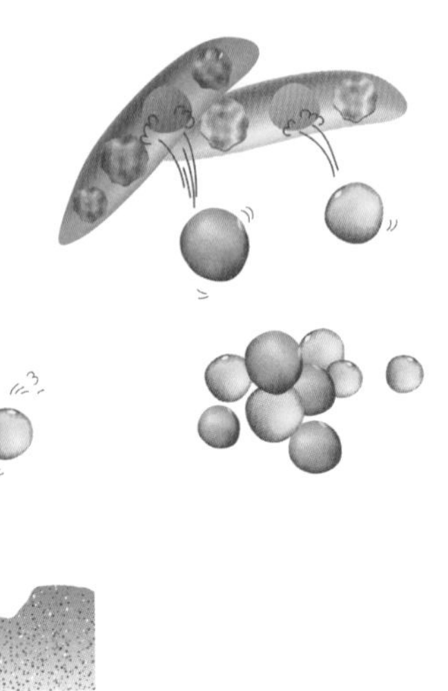

4. 이 중에서 둥근 모양의 완두만을 골라낸다.

5. 다음 해에 다시 둥근 모양의 완두를 심은 뒤 같은 과정을 반복하여 둥근 완두만을 모은다.

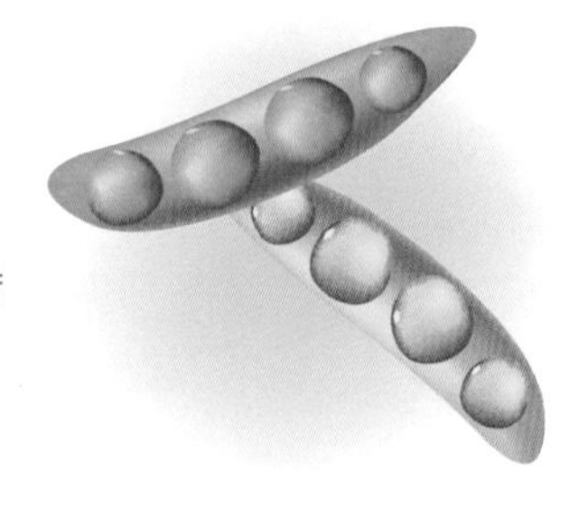

6. 이 과정을 여러 번 반복하면 둥근 모양만 열리는 완두를 모을 수 있다.

완두 꽃봉오리에 봉지를 씌우는 이유가 무엇일까요?

__다른 꽃의 꽃가루가 닿아 수분이 되는 것을 막기 위해서입니다.

네, 맞아요. 꽃봉오리 상태일 때 봉지를 씌워 놓지 않으면 다른 완두꽃의 꽃가루가 날아올 수 있겠지요? 그렇게 되면 순수하게 둥근 형질만 가진 완두를 얻을 수 없답니다. 봉지를 씌워 놓으면 완두꽃 안의 수술에서 만들어진 꽃가루만 수분을 할 수 있지요. 이것이 바로 자가 수분이라는 것, 잊지 않았지요?

이런 방법으로 다른 완두들도 순수한 형질을 가진 것들을 얻을 수 있었답니다. 예를 들어, 주름진 완두를 심으면 항상 주름진 완두만 나오는 것으로요. 이런 것을 다음과 같은 용어로 정리합니다.

둥근 완두를 심었을 때 계속 둥근 완두만 열리는 것처럼,
언제나 같은 형질을 나타내는 것을 **순종**이라고 한다.

휴~, 이 작업은 정말 엄청난 인내심을 필요로 하는 일이었지요. 그러나 이것이 끝은 아니었습니다. 그 후로도 8년간이나 계속 완두의 모양에 따라 나누고 개수를 세어야 했으니까요. 하지만 유전 법칙을 꼭 알아낼 것이라는 희망으로 완두를 골라내는 지루한 작업을 견딜 수 있었답니다.

다음 수업 시간에는, 내가 유전 연구를 본격적으로 시작한 내용과 그 결과에 대해 설명하겠습니다.

만화로 본문 읽기

생식과 관계있는 기관을 생식 기관이라고 합니다. 그렇다면 식물의 생식 기관은 무엇일까요?
꽃이요.

꽃의 구성에 대해서 알아볼까요?
네.

꽃은 꽃잎, 수술, 암술로 이루어져 있으며, 이 중에서 생식과 관계있는 것은 수술과 암술입니다.

수술 끝에 있는 꽃밥에서는 꽃가루가 만들어지는데, 꽃가루는 동물의 정자에 해당합니다. 그리고 암술 위쪽의 암술머리에 이 꽃가루가 달라붙는 과정을 수분(가루받이)이라고 하고요.

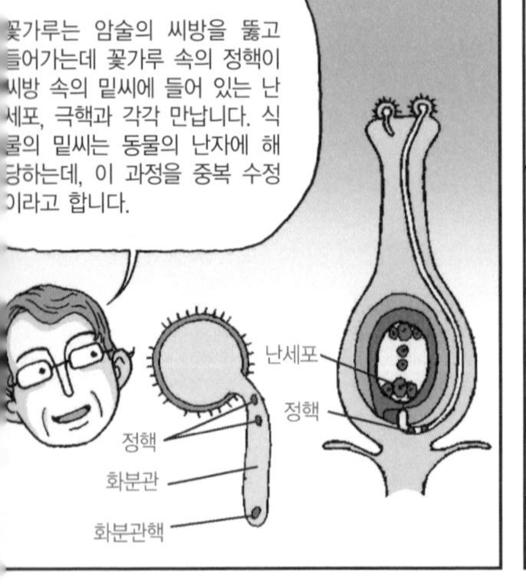

꽃가루는 암술의 씨방을 뚫고 들어가는데 꽃가루 속의 정핵이 씨방 속의 밑씨에 들어 있는 난세포, 극핵과 각각 만납니다. 식물의 밑씨는 동물의 난자에 해당하는데, 이 과정을 중복 수정이라고 합니다.
난세포
정핵
정핵
화분관
화분관핵

그리고 꽃이 지면 밑씨는 씨로 자라고, 씨방은 열매가 된답니다.
와~ 우리가 먹는 과일이 이렇게 만들어지는구나.

네 번째 수업 4

우열의 법칙

대립 형질을 가진 완두를 교배하면 어떻게 될까요?
둥근 완두와 주름진 완두를 교배하여 알아봅시다.

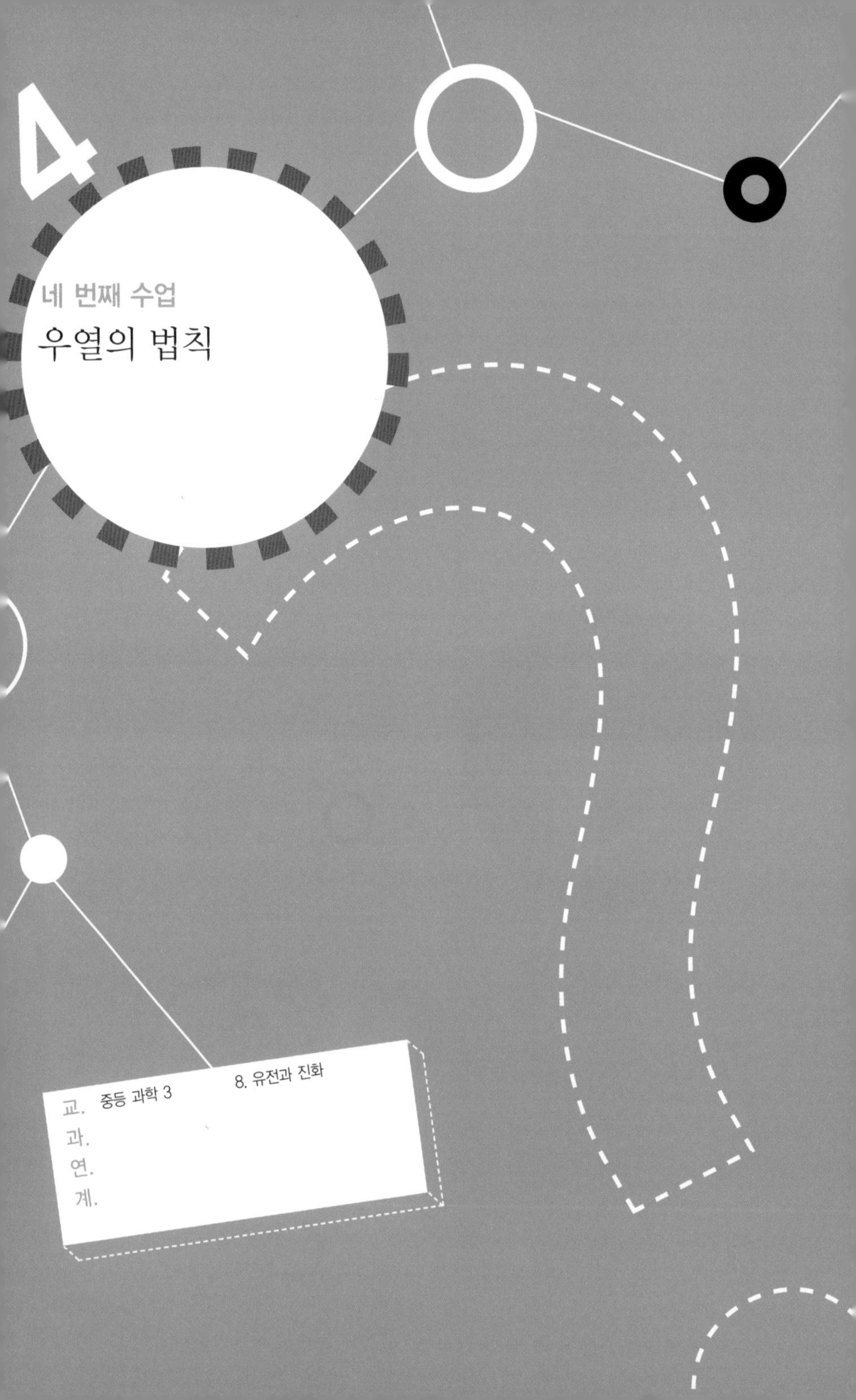

4

네 번째 수업

우열의 법칙

교. 중등 과학 3 8. 유전과 진화
과.
연.
계.

멘델은 자신이 한 연구의 내용을 본격적으로 설명하면서 네 번째 수업을 시작했다.

오늘부터는 내가 8년간이나 연구한 내용에 대해 본격적으로 공부할 거예요. 지난 8년간의 세월을 떠올려 보니, 힘들고 어려운 일도 많았지만 최선을 다한 기쁨이 앞섭니다. 지난 시간에 배웠던 자가 수분과 타가 수분의 차이점과 그 의미에 대해서 잘 기억하고 있지요?

오늘 배우는 내용을 이해하는 데 꼭 필요하니까 다시 한 번 머릿속에 새겨 두세요.

나는 완두의 7가지 형질 중에서 먼저 완두의 색깔 형질을 알아보는 실험을 시작했어요.

노랑 완두와 초록 완두를 교배하면 어떤 색깔의 완두가 나올까요? 다른 과학자들이 말한 '혼합설'처럼 노랑과 초록의 중간색을 띠는 완두가 나올까요? 아니면 전혀 다른 색깔의 완두가 나올까요?

그 의문을 해결하기 위해, 지난 수업 시간에 이야기했듯이 2년 동안 노랑 완두와 초록 완두를 각각 길러 순수하게 노랑 완두와 초록 완두 열매만 맺는 순종 완두를 골랐답니다. 그런 다음 노랑 완두와 초록 완두를 각각 다른 밭에 심었어요.

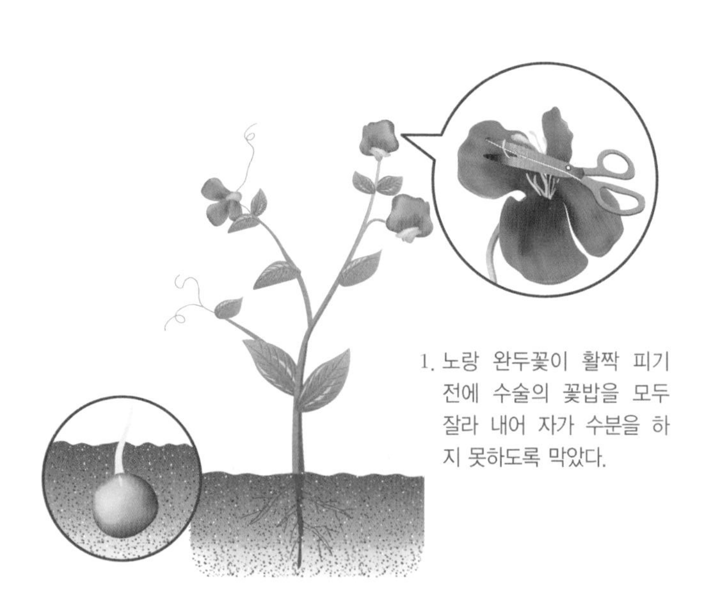
1. 노랑 완두꽃이 활짝 피기 전에 수술의 꽃밥을 모두 잘라 내어 자가 수분을 하지 못하도록 막았다.

2. 초록 완두꽃의 꽃가루를 붓에 묻혀 노랑 완두꽃의 암술머리에 발라 주었다.

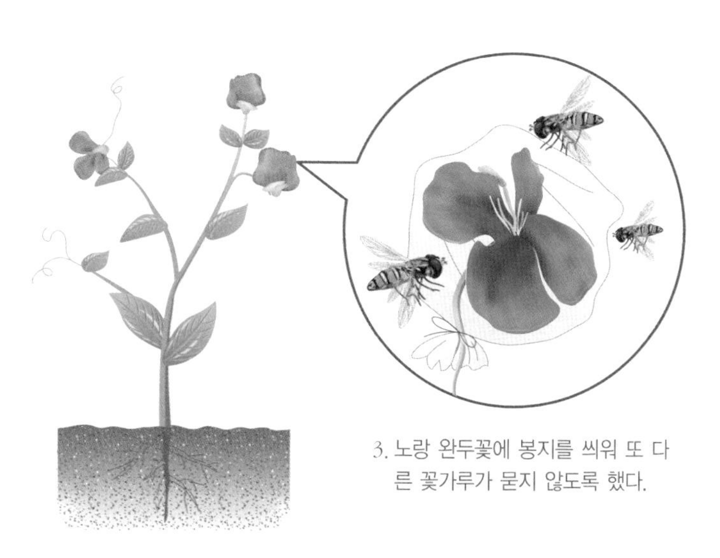

3. 노랑 완두꽃에 봉지를 씌워 또 다른 꽃가루가 묻지 않도록 했다.

이런 방법으로 드디어 노랑 완두에 열매가 달렸습니다. 나는 떨리는 마음으로 노랑 완두에 달린 꼬투리를 열어 보았지요. 꼬투리 안에는 모두 노랑 완두가 들어 있었습니다. 혹시 다른 결과가 나올지 모르므로 여러 번 같은 실험을 되풀이해 봤지만 결과는 항상 같았습니다.

'혹시 수술과 암술을 바꾸어서 실험하면 결과가 다르게 나오지 않을까?'라고 생각한 나는 이번에는 수분 방법을 반대로 해 주었습니다. 즉, 노랑 완두꽃의 꽃가루를 초록 완두꽃의 암술머리에 묻혀 준 것이지요.

그런데 이번에도 항상 노랑 완두만 나왔습니다.

두 실험 결과를 이렇게 정리할 수 있겠네요.

노랑 완두의 밑씨 + 초록 완두의 꽃가루 ⇒ 노랑 완두

노랑 완두의 꽃가루 + 초록 완두의 밑씨 ⇒ 노랑 완두

이 결과로 다음과 같은 사실을 알 수 있었습니다.

순종의 노랑 완두와 순종의 초록 완두를 교배하면 항상 노랑 완두만 나온다.

그리고 다음과 같은 사실도 알 수 있었습니다.

노랑 완두와 초록 완두 어느 쪽이 꽃가루를 만들고 어느 쪽이 밑씨를 만들든 자손의 형질에 영향을 끼치지 않는다.

나는 이 결과를 간단히 그림으로 나타내기로 했어요. 앞으로 자주 보게 될 그림이랍니다.

여기서 ×는 교배를 했다는 기호입니다.

그리고 어버이는 부모 세대를 말하는 것이고 잡종 제1대란 자손을 말하는 것이지요.

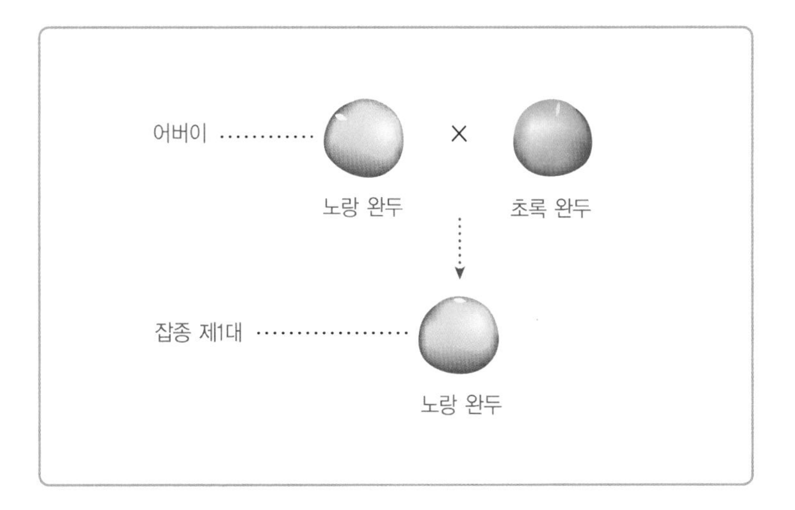

이 결과는 그동안 부모의 형질이 자손에게 섞여 나타난다는 혼합설이 틀렸음을 증명하는 것입니다. 혼합설이 맞다면 노랑 완두와 초록 완두 사이에 나온 잡종 제1대의 완두는 두 완두의 중간색이 나와야 할 테니까요.

그러므로 이 결과를 두고 다음과 같이 말할 수 있겠네요.

부모의 형질은 자손에게 섞여서 나타나는 것이 아니다.

나는 이런 결과가 나머지 6가지 형질에 대해서도 항상 일치하는지 알아보기 위해 완두의 모양, 꼬투리의 모양, 꼬투리의 색깔, 꽃의 색깔, 꽃과 꼬투리가 달린 위치, 잎과 잎 사이의 줄기 길이에 대해서도 각각 실험해 보았더니 오른쪽 그림과 같은 결과가 나타났습니다.

나는 1가지 대립 형질을 가진 완두를 교배하여 얻은 자손에게는 부모의 형질 중 1가지만 나타난다는 사실을 알았습니다. 그래서 이것을 다음과 같은 용어로 정리하였습니다.

1쌍의 대립 형질이 유전될 때 자손에게 나타나는 형질을 **우성**, 나타나지 않는 형질을 **열성**이라고 한다.

어버이			잡종 제1대
 둥근 완두	×	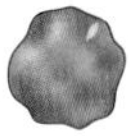 주름진 완두	 둥근 완두
 자주색 꽃	×	 하얀색 꽃	 자주색 꽃
 매끈한 꼬투리	×	 잘록한 꼬투리	 매끈한 꼬투리
 초록색 꼬투리	×	 노란색 꼬투리	 초록색 꼬투리
 줄기 마디 부분에 달린 꽃과 꼬투리	×	 줄기 끝 부분에 달린 꽃과 꼬투리	 줄기 마디 부분에 달린 꽃과 꼬투리
 잎과 잎 사이의 길이가 짧은 줄기	×	 잎과 잎 사이의 길이가 긴 줄기	 잎과 잎 사이의 길이가 긴 줄기

1쌍의 대립 형질이 유전될 때 잡종 제1대에서 우성 형질만 나타나는 현상을 **우열의 법칙**이라고 한다.

이것이 내가 유전 현상을 연구하여 발견한 첫 번째 유전 법칙입니다. 이 법칙에 의하면 완두의 7가지 대립 형질은 다음과 같이 우성 형질과 열성 형질로 나눌 수 있습니다.

형 질	우 성	열 성
완두의 색깔	노랑	초록
완두의 모양	둥글다	주름져 있다
꽃의 색깔	자주	하양
꼬투리의 모양	매끄럽다	잘록하다
꼬투리의 색깔	초록	노랑
꽃과 꼬투리가 달린 위치	마디 부분	줄기 끝 부분
잎과 잎 사이의 줄기 길이	길다	짧다

과학자의 비밀노트

순종과 잡종

자가 수분시켰을 때 같은 형질의 자손만 태어나게 하는 개체를 순종, 우성과 열성이 분리되어 태어나게 하는 개체를 잡종이라고 한다. 특정 유전 현상에 대한 교배 실험에서 순종이라고 하면 동형 접합자(한 형질을 나타내는 대립 유전자 구성이 같은 것, 예를 들어 유전자형이 RR이거나 rr인 것을 동형 접합자라 함)를 의미하고, 잡종이라고 하면 이형 접합자(한 형질을 나타내는 대립 유전자 구성이 다른 것, 예를 들어 유전자형이 Rr인 것을 이형 접합자라 함)를 의미한다.

만화로 본문 읽기

부모 양쪽 모두 자손에게 영향을 준다는 것이 바로 혼합설입니다.
와 ~

노란색과 초록색 완두를 교배하면 어떤 색깔의 자손이 나올까? 혼합설처럼 노란색과 초록색의 중간색을 띠는 완두가 나올까?

노란색 완두콩이잖아.

혹시 모르니까 여러 가지 방법으로 다시 해 봐야겠다.

모두 노랑 완두콩만 나오잖아.

한 쌍의 대립 형질이 유전될 때 자손에게 나타나는 형질을 우성, 나타나지 않는 형질을 열성이라고 하고, 잡종 1대에 우성 형질만 나타나는 현상을 우열의 법칙이라고 해야겠다.

다섯 번째 수업

5

표현형과 유전자형

유전 형질을 표현형과 유전자형으로
나타내는 방법을 알아봅시다.

5

다섯 번째 수업

표현형과 유전자형

교. 중등 과학 3　　8. 유전과 진화
과.
연.
계.

멘델이
잡종 제1대의 노랑 완두 이야기로
다섯 번째 수업을 시작했다.

지난 시간의 실험 결과를 보면 순종 노랑 완두와 순종 초록 완두를 교배한 결과 잡종 제1대에서는 노랑 완두만 나왔습니다. 그렇다면 잡종 제1대의 노랑 완두는 어버이의 노랑 완두와 같은 종류일까요? 겉으로 보기에는 똑같은 노랑 완두인데……. 그렇다면 잡종 제1대의 노랑 완두를 자가 수분시키면 노랑 완두만 나와야 되지 않을까요?

나는 이 문제를 해결하기 위해 다음과 같은 가정을 세웠습니다.

가정

1. 꽃가루와 밑씨에는 유전 형질을 결정하는 어떤 물질이 들어 있다. 이 물질을 유전자라고 한다.
2. 한 생물은 1가지 형질을 나타내는 1쌍(2개)의 유전자를 갖는다.
3. 유전자는 어버이로부터 자손에게 전달되는 과정에서 변하지 않는다.
4. 1가지 형질을 결정하는 유전자가 각각 다를 경우, 그중 한 유전자만 표현된다.
5. 생식 세포(꽃가루, 밑씨)에는 1쌍의 유전자 중 1개만 들어 있다.

여기서 생식 세포라는 조금은 어려운 말이 나왔군요. 생식 세포에 대해서는 뒤에서 자세히 설명할게요. 지금은 꽃가루와 밑씨가 생식 세포라는 것만 기억하세요.

그러면 이 가정에 따라 완두의 색깔 유전에 대해 설명해 보겠습니다.

완두의 꽃가루와 밑씨는 각각 1개의 색깔 유전자를 가지고 있습니다. 따라서 꽃가루와 밑씨가 결합하여 생긴 완두는 두 개의 유전자를 가지게 됩니다.

어버이와 잡종 제1대가 가지고 있는 유전자를 살펴보도록 하지요.

어버이

노랑 완두(밑씨 : 노랑 유전자 / 꽃가루 : 노랑 유전자)

초록 완두(밑씨 : 초록 유전자 / 꽃가루 : 초록 유전자)

잡종 제1대

노랑 완두의 밑씨와 초록 완두의 꽃가루가 만난 경우

→ 노랑 유전자와 초록 유전자를 가짐.

노랑 완두의 꽃가루와 초록 완두의 밑씨가 만난 경우

→ 노랑 유전자와 초록 유전자를 가짐.

노랑 유전자가 초록 유전자에 대해 우성이므로 잡종 제1대의 완두는 노란색을 띤다.

그런데 매번 완두의 노랑 유전자, 초록 유전자 이렇게 쓰려니 불편하지요? 나는 유전자를 알아보기 쉽게 표현하기 위해 고민하다가 알파벳 기호를 사용하기로 했어요.

알파벳 기호는 다음과 같은 기준으로 붙이기로 했답니다.

알파벳 기호는 우성 형질의 영어 단어 앞 글자를 사용한다.

우성 형질과 열성 형질을 구분하기 위해 우성 형질은 알파벳 대문자로, 열성 형질은 알파벳 소문자로 쓴다.

자, 예를 들어 볼까요?

완두의 색깔 형질은 2가지, 노랑과 초록이 있습니다. 여기서 노랑이 우성 형질이었어요.

영어로 노란색이 무엇인가요?

__ 옐로(yellow)입니다.

네, 그 옐로(yellow)의 앞 글자인 y만을 따서 노랑 유전자는 대문자 Y, 초록 유전자는 소문자 y로 씁니다.

그러면 완두의 모양은 알파벳 기호로 어떻게 나타낼 수 있을까요?

완두의 모양 형질은 둥근 것과 주름진 것이 있지요. 둥근 것이 우성 형질이고 주름진 것이 열성 형질이었습니다.

영어로 둥글다는 단어는 무엇인가요?

__ 라운드(round)입니다.

그러므로 라운드(round)의 앞 글자인 r만을 따서 둥근 유전자는 대문자 R, 주름진 유전자는 소문자 r로 씁니다.

이런 식으로 다른 형질도 모두 알파벳 기호만 가지고 우성 형질과 열성 형질을 간단하게 표현할 수 있답니다. 이제 유전자 기호를 어떻게 쓰는지 알 수 있겠지요?

앞에서 말한 〈가정〉 2번을 기억하나요? '한 생물은 1가지 형질을 나타내는 1쌍(2개)의 유전자를 갖는다'는 것이었지요.

그렇다면 완두는 색깔 형질에 대해 2개의 유전자를 갖고 있겠군요. 완두가 가질 수 있는 색깔 유전자를 알파벳 기호로 표현하면 모두 몇 가지나 될까요?

__YY, Yy, yy입니다.

네, 그렇습니다. 여러분이 말한 대로 3가지로 표현할 수 있는데 여기서 YY는 노랑 완두를 의미하고, yy는 초록 완두를 의미합니다.

그렇다면 Yy는 어떤 색깔의 완두일까요?

__Y는 노랑, y는 초록을 의미하고 노랑이 초록에 대해 우성이므로 Yy일 경우는 노랑으로 나타납니다.

네, 맞아요. 지금까지 이야기한 내용을 정리해 봅시다. 완두의 색깔을 표현하는 데는 다음과 같이 2가지 방법이 있다는 것을 배웠어요.

1. YY, Yy, yy와 같이 알파벳 기호로 나타내는 방법
2. 노랑, 초록과 같이 겉으로 드러나는 형질을 직접 쓰는 방법

처음 방법처럼 알파벳 기호로 나타내는 것을 유전자형이라 하고, 두 번째 방법처럼 겉으로 드러나는 형질을 직접 써서 나타내는 것을 표현형이라 합니다.

다시 노랑 완두와 초록 완두를 교배하여 잡종 제1대를 얻은 실험을 살펴봅시다.

- 순종 노랑 완두의 밑씨와 꽃가루에는 모두 Y(노랑) 유전자가 들어 있다.
- 순종 초록 완두의 밑씨와 꽃가루에는 모두 y(초록) 유전자가 들어 있다.
- 노랑 완두의 밑씨(Y)와 초록 완두의 꽃가루(y) 또는 노랑 완두의 꽃가루(Y)와 초록 완두의 밑씨(y)가 수정되면 노랑(Yy) 완두가 생긴다.

맨 처음에 내가 질문한 내용에 대한 결론을 내리면 다음과 같습니다.

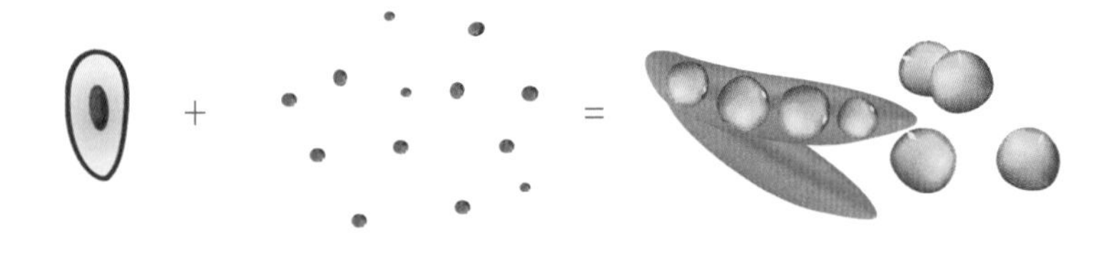

노랑 완두 밑씨 (노랑 유전자) 　 초록 완두 꽃가루 (초록 유전자) 　 노랑 완두 (노랑 유전자 + 초록 유전자)

노랑 완두 꽃가루
(노랑 유전자)

+

초록 완두 밑씨
(초록 유전자)

=

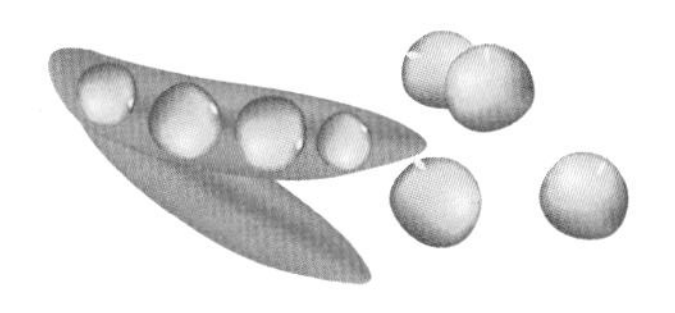

노랑 완두
(초록 유전자 + 노랑 유전자)

어버이의 노랑 완두와 잡종 제1대의 노랑 완두는 표현형은 같지만 유전자형은 다르다.

지난 시간에 얘기했던 순종과 잡종에 대한 설명을 유전자형으로도 말할 수 있습니다.

어버이 세대의 노랑 완두(YY)와 초록 완두(yy)는 순종이다.
잡종 제1대의 노랑 완두(Yy)는 잡종이다.

여기서 잡종이란 말은 나쁜 뜻이 아닙니다. 순종의 어버이를 교배한 자손은 부모의 양쪽 형질을 다 물려받아 더 이상 순종이 아니기 때문에, 두 형질이 섞였다는 의미로 붙인 것이랍니다.

만화로 본문 읽기

생님, 매번 완두의 란색 유전자, 초록색 전자 이렇게 쓰려니 너무 불편해요.
완두의 노란색 유전자
완두의 초록색 유전자
그래서 나는 유전자를 알기 쉽게 표현하기 위해 알파벳 기호를 붙여서 사용했어요.

어떻게요?
이렇게 2가지 기준을 세웠지요.
1. 알파벳 기호는 우성 형질의 영어 단어 앞 글자를 사용한다.
2. 우성 형질은 알파벳 대문자로, 열성 형질은 알파벳 소문자로 쓴다.

완두는 노란색과 초록색이 있는데 노란색이 우성 형질이에요. 그래서 yellow의 y만 따서 노란색 유전자는 대문자 Y, 초록색 유전자는 소문자 y로 쓰지요.
그렇게 표현하니 간단하네요.
노란색 유전자 → Y
초록색 유전자 → y

그러면 완두가 가질 수 있는 색깔 유전자를 알파벳 기호로 표현하면 모두 3가지네요?
맞아요. 'YY, Yy, yy' 이렇게 3가지예요.
YY : 노란색완두
Yy : 노란색완두
yy : 초록색완두

이렇게 형질을 알파벳 기호로 나타내는 것을 유전자형이라 하고, 겉으로 드러난 형질은 표현형이라고 하지요.
완두의 색깔은 유전자형과 표현형으로 나타낼 수 있군요.
YY, Yy, yy - 유전자형
노란색, 초록색 - 표현형

그래요. YY와 yy가 만나면 Yy가 나오는데, 이 둘은 표현형은 같지만 유전자형은 다르지요.
색깔은 같아도 유전자형은 다를 수 있군요.
어버이 … ×
노란색완두
초록색 완두
잡종 제1대 ….
노란색 완두

여섯 번째 수업 6

초록 완두의 형질은 어디로 간 것일까요?

자손에게 나타나지 않은 열성 형질은 어디로 간 것일까요?

6

여섯 번째 수업

초록 완두의 형질은 어디로 간 것일까요?

교. 중등 과학 3 8. 유전과 진화
과.
연.
계.

멘델은
노랑 완두와 초록 완두를 가지고
여섯 번째 수업을 시작했다.

지난 수업 시간에 우리는 노랑 완두와 초록 완두를 교배하면 항상 노랑 완두만 나오는 것을 관찰했습니다. 다른 대립 형질을 가진 완두를 각각 교배했을 때도 항상 우성 형질만 나타났지요.

이런 현상을 '우열의 법칙'이라고 부른다고 말했어요. 모두 기억하지요?

자, 그렇다면 이때 한 가지 의문점이 생깁니다. 자손에게서 나타나지 않은 열성 형질은 도대체 어디로 간 것일까요? 완전히 사라져 버린 것일까요? 그렇다면 언젠가는 열성 형질이

완전히 없어져 버릴까요?

이 의문을 해결하기 위해서 나는 어버이인 노랑 완두와 초록 완두에서 나온 잡종 제1대의 노랑 완두를 다시 심었습니다.

이번에는 잡종 제1대 완두에서 꽃이 피었을 때 자가 수분을 하였답니다. 즉, 한 꽃 안에 있는 수술의 꽃가루를 암술에 묻혀 주었다는 것이지요. 수분 후에는 봉지를 씌웠고요. 왜 씌웠는지는 모두들 알고 있지요? 그것은 다른 꽃의 꽃가루가 묻지 않도록 하기 위해서랍니다.

요?

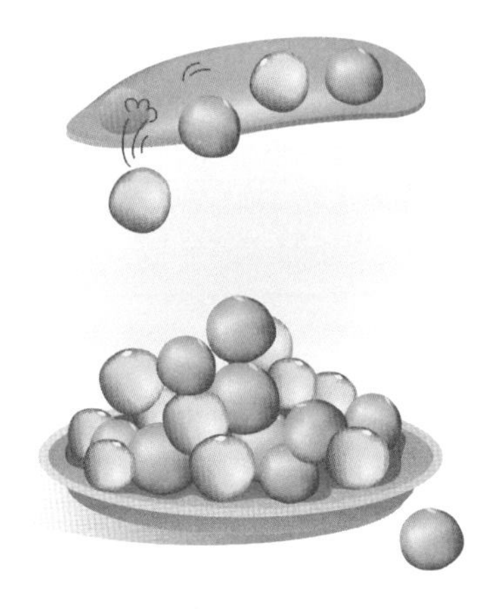

이렇게 해서 얻은 완두의 꼬투리를 열어 보니 노랑 완두와 초록 완두가 섞여 있었답니다. 이 완두들은 잡종 제1대를 교배한 것이니 잡종 제2대가 되겠군요.

이와 같은 결과로 다음과 같은 사실을 알 수 있습니다.

잡종 제1대의 노랑 완두를 자가 수분하면 노랑 완두와 초록 완두가 나온다.

그렇다면 다른 6가지 형질에 대해서는 어떤 결과가 나올까요?

어버이		잡종 제1대	잡종 제2대	
둥근 완두	× 주름진 완두	둥근 완두	둥근 완두	주름진 완두
자주 꽃	× 하양 꽃	자주 꽃	자주 꽃	하양 꽃
매끈한 꼬투리	× 잘록한 꼬투리	매끈한 꼬투리	매끈한 꼬투리	잘록한 꼬투리
초록 꼬투리	× 노랑 꼬투리	초록 꼬투리	초록 꼬투리	노랑 꼬투리
줄기 마디 부분에 달린 꽃과 꼬투리	줄기 끝 부분에 달린 꽃과 꼬투리	줄기 마디 부분에 달린 꽃과 꼬투리	줄기 마디	줄기 끝
잎과 잎 사이의 길이가 짧은 줄기	잎과 잎 사이의 길이가 긴 줄기	긴 줄기	긴 줄기	짧은 줄기

완두 색깔과 마찬가지로 잡종 제1대에서 나타나지 않았던 열성 형질까지 모두 잡종 제2대에서 나타난답니다.

이번에는 잡종 제2대에서 나온 노랑 완두와 초록 완두의 개수를 세어 보았습니다.

노랑 완두 : 6,022개 ─┐
　　　　　　　　　　　├─ 전체 완두의 개수 : 8,023개
초록 완두 : 2,001개 ─┘

완두의 개수가 무척 많지요? 이렇게 많은 수의 완두를 모은 데는 이유가 있답니다.

나는 관찰 대상의 수가 많을수록 우연에 의한 효과가 줄어들 것이라고 생각했답니다. 무슨 말인지 어렵다고요? 그렇다면 예를 들어서 설명하지요.

여기 동전이 하나 있어요. 동전에는 앞면과 뒷면이 있지요. 동전을 던져 보면 앞면 또는 뒷면이 나올 거예요. 그렇다면 전체 경우의 수는 2가지입니다.

앞면이 나오는 경우의 수는 1가지

뒷면이 나오는 경우의 수는 1가지

따라서 동전을 던질 때 앞면과 뒷면이 나올 확률은 다음과 같습니다.

$$앞면이\ 나올\ 확률 = \frac{앞면이\ 나오는\ 경우의\ 수}{전체\ 경우의\ 수} = \frac{1}{2}$$

$$뒷면이\ 나올\ 확률 = \frac{뒷면이\ 나오는\ 경우의\ 수}{전체\ 경우의\ 수} = \frac{1}{2}$$

자, 여기서 더 생각해 봅시다. 동전 1개를 던질 때 앞면이 나올 확률은 $\frac{1}{2}$입니다. 그렇다면 동전을 10번 던졌을 때 앞면이 나올 확률 또한 $\frac{1}{2}$일까요?

동전을 꺼내 한번 실험해 보세요. 아마 항상 $\frac{1}{2}$이 나오지는 않을 것입니다. 그러나 100번, 1,000번, 1만 번, 이렇게 많이 던질수록 앞면이 나올 확률은 $\frac{1}{2}$이 될 가능성이 높아진답니다.

노랑 완두와 초록 완두를 교배한 실험도 마찬가지입니다. 완두를 교배해서 1그루당 30개 정도의 완두를 얻을 수 있다고 가정해 봅시다.

만일 노랑 완두와 초록 완두를 각각 1알씩 심어서 교배하였다면 노랑 완두를 30개 얻을 수 있겠지요. 그럼 이 결과를 가지고 '순종 노랑 완두와 순종 초록 완두를 교배하면 노랑 완두만 나온다'고 결론을 내릴 수 있을까요?

이렇게 주장한다면 사람들은 쉽게 믿지 않을 것입니다. '더 많은 완두를 심어 결과를 살펴보면 초록 완두가 나타날지도 모른다'라고 반대하는 사람이 나올 거예요.

그래서 나는 첫 번째 실험에서도 몇만 그루의 완두를 심어 결과를 관찰하였고, 또 다른 6가지 형질에 대해서도 여러 번 실험을 한 결과 우열의 법칙을 주장할 수 있었답니다.

이번 실험에서도 마찬가지입니다. 많은 수의 완두를 얻을수록 좀더 정확한 결과를 얻을 수 있겠지요. 나는 여기서 잡종 제2대에서 노랑 완두와 초록 완두가 나오는 규칙성을 알아보기 위해 통계를 사용했습니다.

$$\text{노랑 완두가 나올 확률} = \frac{\text{노랑 완두의 개수}}{\text{전체 완두의 개수}} = \frac{6{,}022}{8{,}023}$$

아, 이렇게 보니 여러분이 계산하기에 너무 어렵군요. 그렇다면 작은 숫자는 과감하게 없애고 다시 한 번 써 봅시다.

$$\text{노랑 완두가 나올 확률} = \frac{\text{노랑 완두의 개수}}{\text{전체 완두의 개수}} = \frac{6000}{8000} = \frac{3}{4}$$

$$\text{초록 완두가 나올 확률} = \frac{\text{초록 완두의 개수}}{\text{전체 완두의 개수}} = \frac{2000}{8000} = \frac{1}{4}$$

그러면 이 계산을 다시 비례식으로 나타내 볼까요?

$$\text{전체 중 노랑 완두의 비 : 전체 중 초록 완두의 비} = \frac{3}{4} : \frac{1}{4}$$

양변에 4를 곱하여 주면

노랑 완두 : 초록 완두 = 3 : 1

참고로, 아까 우리가 없앴던 숫자를 다시 살려 원래대로 계산을 해 보면 6,022 ÷ 2,001= 3.009495252이므로, 노랑 완두 : 초록 완두 = 3.009495252 : 1이 나온답니다.

실제로 실험 결과로 얻은 완두의 개수에는 오차가 있을 수 있습니다. 따라서 정확하게 3 : 1로 나오지 않은 것이지요.

이제 이 비율이 다른 6가지 형질에 대해서도 똑같이 나타나는지 알아봐야겠지요? 그렇다고 잡종 제2대에서 6가지 형질이 나오는 비율을 여러분이 모두 계산하라는 것은 아니에요. 나머지 형질에 대해서도 계산한 결과 조금씩의 차이는 있지만 모두 다음과 같았습니다.

둥근 완두 : 주름진 완두 = 3 : 1

자주 꽃 완두 : 하양 꽃 완두 = 3 : 1

매끈한 꼬투리 완두 : 잘록한 꼬투리 완두 = 3 : 1

초록 꼬투리 완두 : 노랑 꼬투리 완두 = 3 : 1

마디 사이의 꽃과 꼬투리 완두 : 줄기 끝의 꽃과 꼬투리 완두 = 3 : 1

잎과 잎 사이의 줄기가 긴 완두 : 잎과 잎 사이의 줄기가 짧은 완두 = 3 : 1

자, 그럼 여기서 다음과 같은 사실을 알 수 있네요.

잡종 제1대의 완두를 자가 수분하면 잡종 제2대에서 우성과 열성 형질을 나타내는 개체 수의 비가 약 3 : 1로 나타난다.

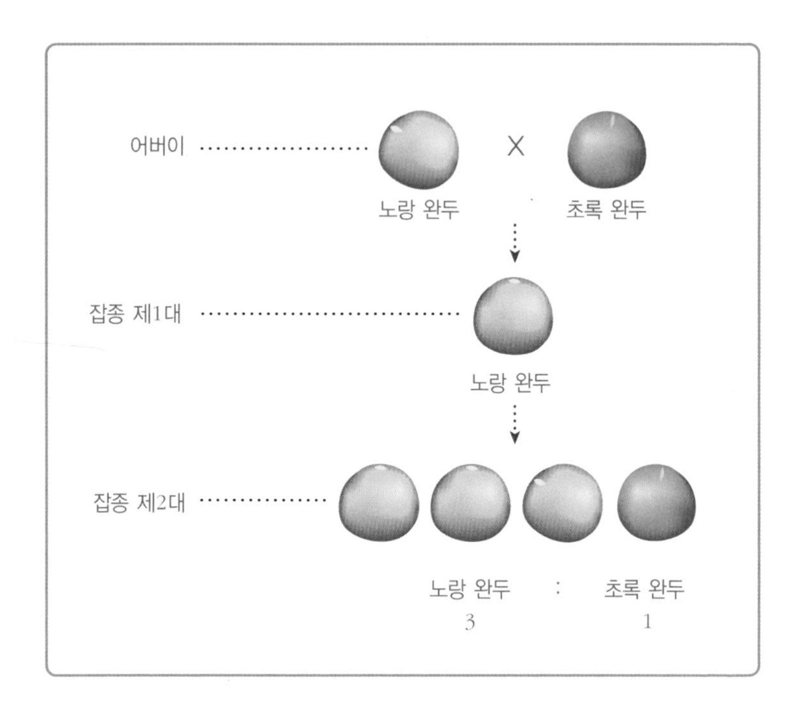
어버이
X
노랑 완두
초록 완두
잡종 제1대
노랑 완두
잡종 제2대
노랑 완두
:
초록 완두
3
1

만화로 본문 읽기

선생님, 다른 대립 형질을 가진 완두를 각각 교배했을 때도 항상 우성 형질만 나타나나요?
네. 이런 현상을 '우
의 법칙'이라고 부
지요.

그러면 자손에게 나타나지 않은 열성 형질은 완전히 사라져 버린 건가요?
나는 그 의문을 해결하기 위해서 노란색 완두와 초록색 완두에서 나온 잡종 제1대의 노란색 완두가 꽃이 피었을 때 자가 수분을 해 보았어요.

이렇게 해서 얻은 잡종 제2대에는 노란색 완두와 초록색 완두가 섞여 있었어요.
노란색 완두와 초록색 완두의 비율은 어느 정도였나요?

많은 수의 완두를 심어서 관찰한 결과 노란색 완두와 초록색 완두의 비가 3:1 정도 되었지요.
노란색 완두
6022개
초록색 완두
2001개
전체 완두의 개수 : 8023개
그렇군요.

다른 6가지 형질에 대한 결과는 어땠나요?

색깔과 마찬가지로 잡종 제1대에서 나타나지 않았던 열성 형질까지 모두 잡종 제2대에서 나타났지요.

어버이 / 잡종 제1대 / 잡종 제2대

결과적으로 잡종 제1대의 완두를 자가수분 하면 잡종 제2대에서 우성과 열성의 비가 3:1로 나타난다는 것을 알 수 있답니다.
당시에는 대단한 발견이었겠군요.
어버이…
잡종 제1대
잡종 제2대
초록색 완두 1
노란색 완두 3

일곱 번째 수업 7

분리의 법칙

잡종 제2대에서 우성과 열성 형질을 나타내는 개체 수의 비가 3:1로 나타나는 것을 어떻게 설명할 수 있을까요?

일곱 번째 수업

분리의 법칙

교. 과. 연. 계.

중등 과학 3 — 8. 유전과 진화

멘델이 분리의 법칙에 대해 일곱 번째 수업을 시작했다.

지난 수업 시간에 잡종 제1대의 노랑 완두를 자가 수분하여 얻은 잡종 제2대의 완두 중 노랑 완두 대 초록 완두의 비가 3 : 1인 것을 알게 되었습니다.

그런데 우성 형질 대 열성 형질의 비가 3 : 1이라는 비율은 어떻게 해서 나온 것일까요?

잡종 제1대의 노랑 완두는 색깔 유전자 Y와 y를 가지고 있습니다. 이 유전자들은 꽃가루와 밑씨에 무작위로 들어갑니다. 그렇기 때문에 같은 비율로 나타나는 것이지요.

잡종 제1대의 노랑 완두의 자가 수분 방식은 다음의 4가지가 가능합니다.

- 노랑 유전자(Y)가 들어 있는 꽃가루 + 노랑 유전자(Y)가 들어 있는 밑씨 → 노랑 완두(YY)
- 노랑 유전자(Y)가 들어 있는 꽃가루 + 초록 유전자(y)가 들어 있는 밑씨 → 노랑 완두(Yy)
- 초록 유전자(y)가 들어 있는 꽃가루 + 노랑 유전자(Y)가 들어 있는 밑씨 → 노랑 완두(Yy)
- 초록 유전자(y)가 들어 있는 꽃가루 + 초록 유전자(y)가 들어 있는 밑씨 → 초록 완두(yy)

위의 내용을 알아보기 쉽게 오른쪽과 같은 그림으로 나타낼 수 있습니다.

잡종 제1대의 노랑 완두는 어버이의 노랑 완두로부터 Y 유전자를 1개 받고, 초록 완두로부터 y 유전자를 1개 받아 Yy 유전자를 가지고 있습니다.

유전자가 Yy인 개체가 생식 세포(밑씨, 꽃가루)를 형성할 때 밑씨와 꽃가루는 각각 Y 또는 y 유전자를 가질 수 있습니다. 어떤 유전자를 가진 밑씨와 꽃가루가 만나는지에 따라 잡종 제2대의 완두의 색깔이 결정됩니다.

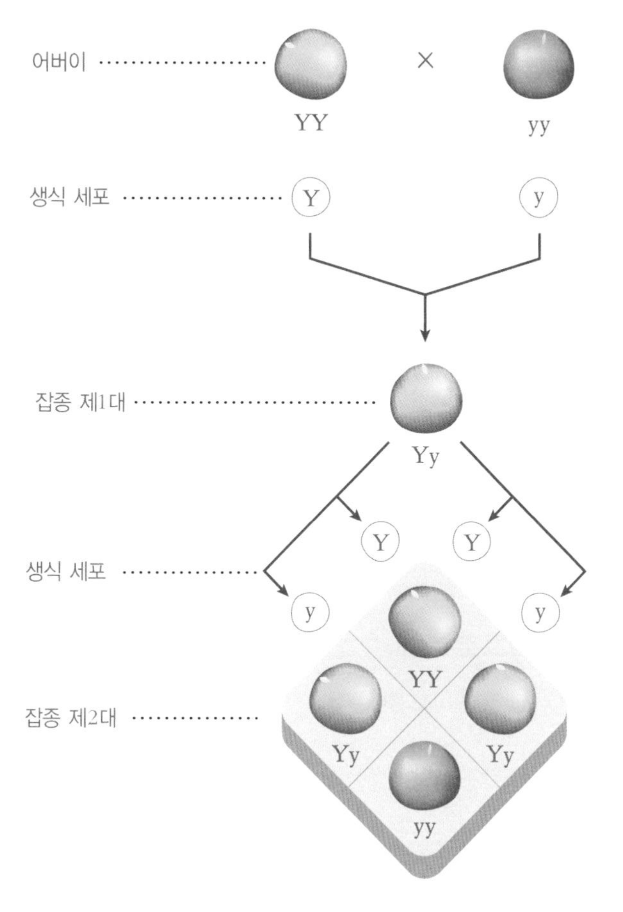

1쌍의 대립 형질의 유전

그렇다면 잡종 제2대에서 어떤 색깔의 자손이 어떤 비율로 나올 수 있는지 앞의 그림을 통해 알아봅시다. 그림의 왼쪽에는 한쪽 어버이에게서 온 생식 세포(꽃가루, 밑씨)의 유전자가, 오른쪽에는 다른 쪽 어버이에게서 온 생식 세포(꽃가루, 밑씨)의 유전자가 쓰여 있습니다. 이러한 두 생식 세포의 유전자를 조합하여 사각형 안에 표시한 것이 잡종 제2대 완두가 가질 수 있는 유전자가 됩니다.

이제 왜 잡종 제2대에서 노랑 완두와 초록 완두가 3 : 1의 비율로 나오는지 알 수 있겠지요?

그런데 노랑 완두와 초록 완두의 분리비가 3 : 1이라는 것은 표현형으로 따져 보았을 때입니다. 그렇다면 잡종 제2대의 완두를 유전자형으로 바꾸어 보면 어떻게 나올까요?

잡종 제2대에서 나오는 유전자형은 모두 3가지입니다.

YY, Yy, yy

유전자형의 분리비를 살펴보면 다음과 같이 나타납니다.

YY : Yy : yy = 1 : 2 : 1

지금까지의 내용을 잘 이해했으면 완두의 모양에 대해서도 설명할 수 있겠지요?

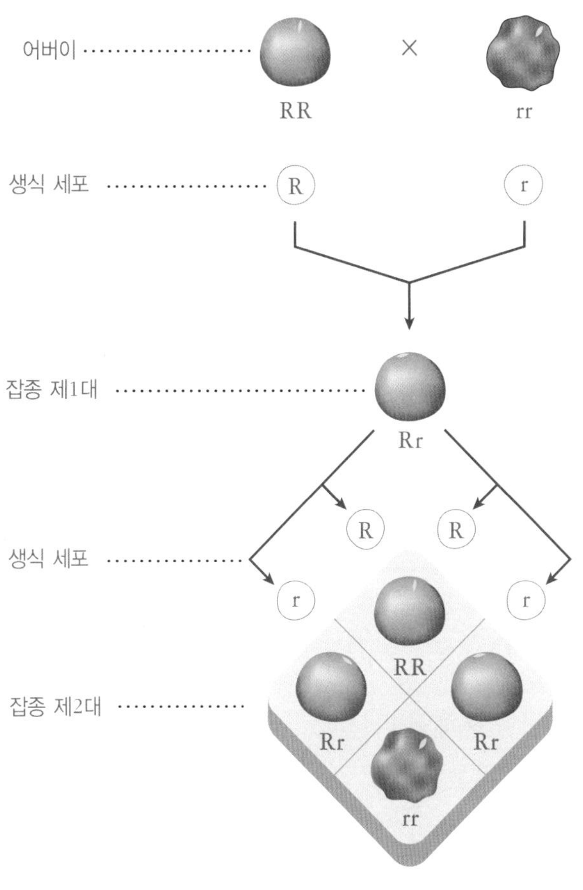

1쌍의 대립 형질의 유전

둥근 완두(RR)와 주름진 완두(rr)를 타가 수분시켜 얻은 잡종 제1대의 완두를 다시 자가 수분시켜 얻은 잡종 제2대 완두의 표현형과 유전자형을 각각 나타내어 볼까요?

그림과 같이 완두의 모양을 나타내는 한 쌍의 유전자 중 둥근 형질의 유전자(R)를 가진 둥근 완두(RR)와 주름진 형질의 유전자(r)를 가진 주름진 완두(rr)를 교배하면, 잡종 제1대의 유전자형은 Rr이고 R는 r에 대해 우성이므로 둥근 완두가 나오게 됩니다.

유전자가 Rr인 둥근 완두가 밑씨와 꽃가루를 만들 때 각각 R인 밑씨와 r인 밑씨, R인 꽃가루와 r인 꽃가루가 만들어지며, 자가 수분에 의해 유전자형은 RR : Rr : rr = 1 : 2 : 1의 비로 나타납니다.

그런데 이들 각각의 표현형은 우열의 법칙에 따라 RR와 Rr는 둥근 모양, rr는 주름진 모양으로 되어 둥근 완두와 주름진 완두가 3 : 1의 분리비로 나타나는 것입니다.

두 번째 실험을 통해서 나는 분리의 법칙을 발견하였답니다.

과학자의 비밀노트

분리의 법칙

잡종 제1대를 자가 수분시키면 생식 세포를 만들 때 대립 형질을 나타내는 유전자가 분리되어 생식 세포로 나뉘어 들어가 잡종 제2대의 표현형이 일정한 비율(우성 : 열성 = 3: 1)로 분리되어 나타난다는 법칙이다. 이때 주의해야 할 것은 분리의 법칙에서 '분리'가 자손의 형질이 우성과 열성이 일정한 비율로 분리된다는 의미가 아니라, 한 쌍의 대립 인자가 생식 세포를 형성할 때 서로 분리되어 나뉘어 들어가는 것을 의미한다.

만화로 본문 읽기

생님, 잡종 제2대의 완두 중 란색 완두 대 초록색 완두 비가 3:1인데, 이 비율은 떻게 해서 나온 것인가요?
잡종 제1대의 노란색 완두는 Y와 y라는 색깔 유전자를 가지고 있어요.
노란색
초록색
3:1

이러한 잡종 제1대의 노란색 완두의 자가 수분 방식은 다음과 같이 4가지가 가능해요.
Y + Y = ○ YY
Y + y = ○ Yy
y + Y = ○ Yy
y + y = ● yy

YY와 Yy는 유전자형은 다른데 둘 다 노란색으로 되어 있네요?
네. 그 둘은 유전자형은 달라도 표현형은 같습니다.
어버이
YY
yy
Y
y
생식세포
잡종 제1대
Yy

따라서 잡종 제2대에서 노란색 완두와 초록색 완두의 비율이 3:1이랍니다. 즉 이것은 표현형의 비율이지요.
밑씨와 꽃가루의 유전자에 따라 완두의 색깔이 결정되는군요.
YY
Yy
Yy
yy

그러면 잡종 제2대의 완두의 모양을 유전자형으로 바꾸어도 같은 비율이 나오나요?
네. 둥근 완두(RR)와 주름진 완두(rr)를 자가 수분시켜 얻은 잡종 제2대의 분리비도 3:1이지요.
RR
Rr
Rr
rr

이러한 결과를 통해 나는 잡종 제2대에서 우성과 열성의 형질이 3:1로 분리되어 나타나는 분리의 법칙을 발견했지요.
와~, 대단하세요.
분리의 법칙 발견

여덟 번째 수업

8

독립의 법칙

2가지의 대립 형질을 가진 완두는 어떻게 유전될까요?

여덟 번째 수업

독립의 법칙

교. 중등 과학 3 8. 유전과 진화
과.
연.
계.

멘델은 걱정스러운 표정으로 여덟 번째 수업을 시작했다.

오늘은 조금 더 자세한 내용을 공부하려고 해요. 복잡한 계산식 때문에 여러분이 어려워할지도 모른다는 생각을 하니 걱정이 되는군요.

우리는 지난 시간에 1쌍의 대립 형질이 유전될 때 우열의 법칙과 분리의 법칙이 적용된다는 것을 알 수 있었습니다.

그렇다면 2쌍의 대립 형질을 교배해도 이런 법칙이 적용될까요? 무슨 말인지 잘 모르겠다고요?

자, 여기에 여러 가지 완두가 있습니다. 완두 중에는 둥글면서 노랑인 것도 있고, 둥글면서 초록인 것도 있습니다. 또,

주름지고 노랑인 것도 있고, 주름지고 초록인 것도 있군요.

여기 완두들은 모양 형질과 색깔 형질 2가지를 가지고 있습니다. 그렇다면 이 2가지 형질은 어떻게 유전될까요?

 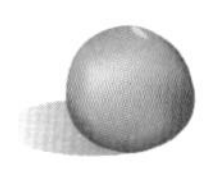  

2가지 가능성을 생각해 볼 수 있습니다.

첫 번째, 모양 형질과 색깔 형질이 같이 묶여 유전되는 것입니다.

두 번째, 모양 형질과 색깔 형질이 독립적으로 유전되는 것입니다.

실험을 해 보면 2가지 형질이 어떤 식으로 유전되는지 알 수 있을 것입니다.

그래서 나는 다시 한 번 실험 계획을 세우고 다음과 같이 실험했습니다.

우선 둥글고 노랑인 완두와 주름지고 초록인 완두 중에서 순종인 것만 골라냅니다.(세 번째 수업 시간에 배운 순종 완두를 골라내는 방법을 다시 한 번 생각해 보세요. 이번에는 여러 번 교배하여 둥글고 노랑인 완두만 열리는 것과 주름지고 초록인 완두만 열리는 것을 모으면 된답니다.)

그 다음 둥글고 노랑인 완두와 주름지고 초록인 완두를 교배하여 잡종 제1대를 얻었더니 잡종 제1대는 모두 둥글고 노랑인 완두만 나왔습니다.

이런 결과가 나올 것을 예상했나요? 우열의 법칙을 생각해 본다면, 노랑은 초록에 대해 우성이고, 둥근 것은 주름진 것에 대해 우성이므로 둥글고 노랑인 완두가 나오리라는 것을 알 수 있지요.

그래서 잡종 제1대의 둥글고 노랑인 완두를 다시 심어 자가 수분하여 잡종 제2대를 얻었습니다. 잡종 제2대에서는 다음 그림과 같이 4가지 표현형의 완두가 나왔습니다.

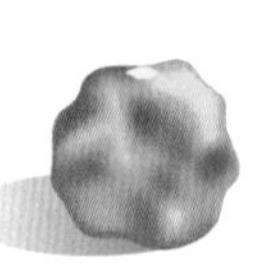

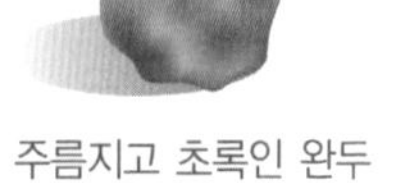

둥글고 노랑인 완두

주름지고 노랑인 완두

이것을 세어 보았더니 개수가 다음과 같았습니다.

둥글고 노랑인 완두	315개
둥글고 초록인 완두	101개
주름지고 노랑인 완두	108개
주름지고 초록인 완두	32개
총 합계	556개

나는 이것을 다시 비례식으로 나타내 보았습니다.

둥글고 노랑인 완두 : 둥글고 초록인 완두 : 주름지고 노랑인 완두 : 주름지고 초록인 완두 = 315 : 101 : 108 : 32

이 수를 가장 작은 수인 32로 나누어 주세요. 여러분이 계산하기 어렵지요? 자, 계산기를 사용해 봅시다.

둥글고 노랑인 완두 : 둥글고 초록인 완두 : 주름지고 노랑인 완두 : 주름지고 초록인 완두 = 9.84375 : 3.15625 : 3.375 : 1

여기서 소수점 뒷자리는 모두 없애 주세요. 그러면 다음과 같이 간단하게 정리가 됩니다.

둥글고 노랑인 완두 : 둥글고 초록인 완두 : 주름지고 노랑인 완두 : 주름지고 초록인 완두 = 9 : 3 : 3 : 1

이것이 무슨 의미일까요? 아직은 잘 모르겠지요? 그렇다면 이번에는 1쌍의 유전 형질만 따로 조사해 봅시다.

먼저 556개의 완두를 모양은 상관하지 말고 색깔로만 나누어 개수를 세어 봐요.

노랑 완두 : 315 + 108 = 423개

초록 완두 : 101 + 32 = 133개

이 완두를 다시 비례식으로 나타내 봅시다.

노랑 완두 : 초록 완두 = 423 : 133

계산기를 이용하여 양쪽을 133으로 나누어 주면

노랑 완두 : 초록 완두 = 3.18 : 1

약 3 : 1의 비율로 나타나는군요. 이번에는 556개의 완두를 색깔은 상관하지 말고 모양으로만 나누어 개수를 세어 보세요.

둥근 완두 : 315 + 101 = 416개
주름진 완두 : 108 + 32 = 140개

이 완두를 다시 비례식으로 나타내어 봅시다.

둥근 완두 : 주름진 완두 = 416 : 140

계산기를 이용하여 양쪽을 140으로 나누어 주면

둥근 완두 : 주름진 완두 = 2.97 : 1

역시 약 3 : 1의 비율로 나타나는군요.

이것은 지난 시간에 배웠던 분리의 법칙에서 나타난 결과와 같은 것이었습니다.

이 결과를 보고 나는 다음과 같은 결론을 내렸습니다.

2쌍의 대립 형질은 다음 세대로 유전될 때 각각 독립적으로 행동한다. 따라서 각각 독립적으로 우열의 법칙과 분리의 법칙에 따라서 유전된다. 이와 같은 유전 현상을 **독립의 법칙**이라고 한다.

지금까지는 표현형에 대해서 알아본 결과입니다. 실제 잡종 제2대 완두의 유전자는 어떻게 나타날까요? 또 실험 결과를 확실하게 설명할 수 있는 방법은 없을까요?

지난번에 사용했던 방법을 다시 한 번 이용하여 설명해 보지요.

유전자는 1쌍씩 존재하므로 순종의 둥글고 노랑인 완두의 유전자 구성은 RRYY로, 순종의 주름지고 초록인 완두의 유전자 구성은 rryy로 나타낼 수 있습니다. 그리고 순종의 둥글고 노랑인 완두가 만드는 꽃가루(또는 밑씨)는 RY 유전자를 가지고, 순종의 주름지고 초록인 완두가 만드는 밑씨(또는 꽃가루)는 ry 유전자를 가집니다.

따라서 이들 꽃가루와 밑씨가 만나 생긴 잡종 제1대의 완두는 RrYy의 유전자를 가지게 됩니다. 이때 노랑 형질(Y)이 초록 형질(y)에 대해 우성이고, 둥근 형질(R)이 주름진 형질(r)에 대해 우성이므로 잡종 제1대의 모든 완두는 둥글고 노란색이 됩니다.

여기까지는 별로 어렵지 않았지요? 이제부터 잘 생각해 보세요.

잡종 제1대의 둥글고 노랑 완두(RrYy)를 다시 심으면 암술에서는 RY, Ry, rY, ry의 유전자를 가진 밑씨가 각각 1 : 1 : 1 : 1의 비율로 만들어집니다. 또한, 수술에서도 RY, Ry, rY, ry의 유전자를 가진 꽃가루가 각각 1 : 1 : 1 : 1의 비율로 만들어집니다. 밑씨와 꽃가루가 자가 수분을 하게 되면 밑씨의 유전자 종류 4가지와 꽃가루의 유전자 종류 4가지가 만날 수 있는 경우의 수는 오른쪽의 그림처럼 16가지가 나올 수 있습니다.

이제부터 앞의 경우에서 나올 수 있는 유전자형을 모두 세어 봅시다.

RRYY(둥글고 노랑인 완두) → 1가지

RRYy(둥글고 노랑인 완두) → 2가지

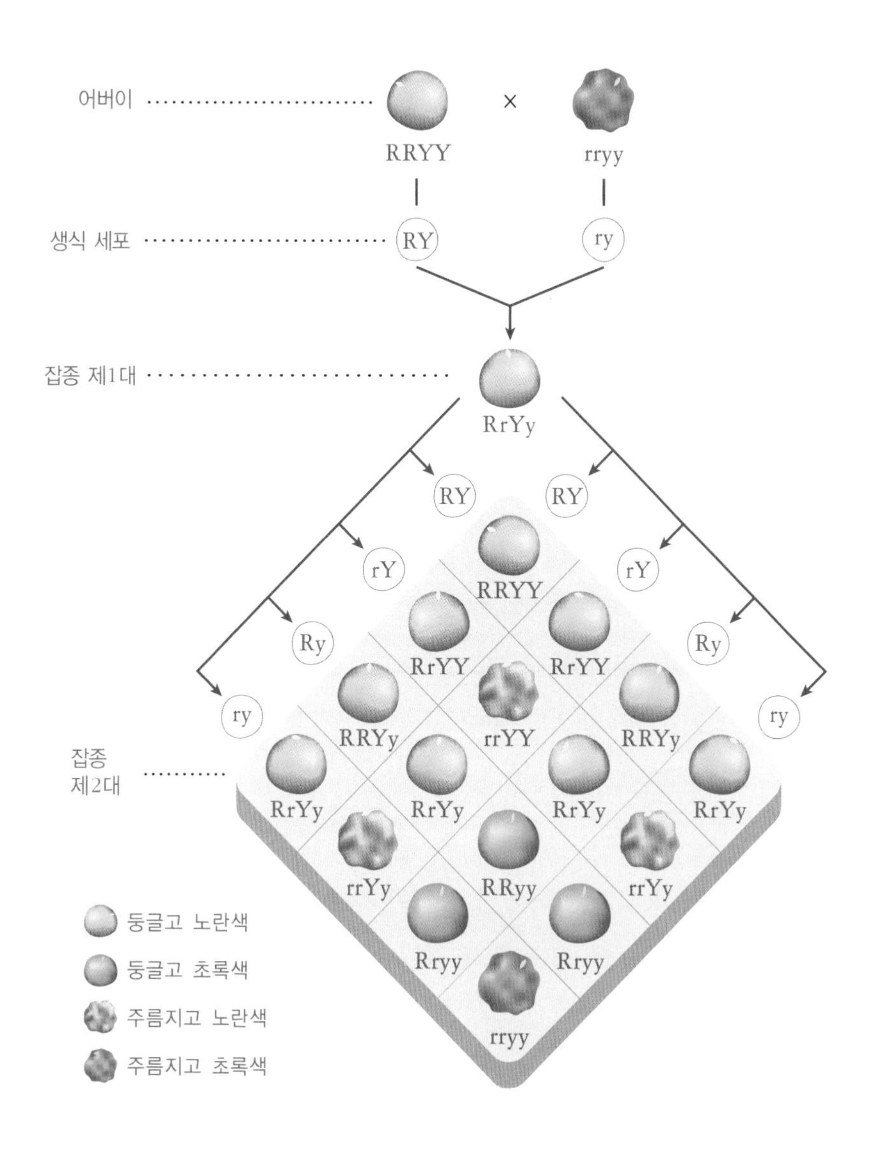
어버이
RRYY
rryy
생식 세포
RY
ry
잡종 제1대
RrYy
RY
RY
rY
rY
Ry
Ry
ry
ry
RRYY
RrYY
RrYY
RRYy
rrYY
RRYy
잡종
제2대
RrYy
RrYy
RrYy
RrYy
rrYy
RRyy
rrYy
Rryy
Rryy
rryy
둥글고 노란색
둥글고 초록색
주름지고 노란색
주름지고 초록색

RRyy(둥글고 초록인 완두) → 1가지

RrYY(둥글고 노랑인 완두) → 2가지

RrYy(둥글고 노랑인 완두) → 4가지

Rryy(둥글고 초록인 완두) → 2가지

rrYY(주름지고 노랑인 완두) → 1가지

rrYy(주름지고 노랑인 완두) → 2가지

rryy(주름지고 초록인 완두) → 1가지

표현형으로 정리해 볼까요?

둥글고 노랑인 완두 → 9개

둥글고 초록인 완두 → 3개

주름지고 노랑인 완두 → 3개

주름지고 초록인 완두 → 1개

자, 아까 내가 실험했던 결과와 같게 나오지요?

또한, 각각의 형질을 따로 세어 보아도 실험 결과와 같게 나온답니다.

둥근 완두 12개, 주름진 완두 4개.

즉, 둥근 완두 : 주름진 완두 = 3 : 1

노랑 완두 12개, 초록 완두 4개.

즉, 노랑 완두 : 초록 완두 = 3 : 1

지금까지의 내용을 이해했다면 다음의 문제를 해결할 수 있을 거예요.

나는 완두의 모양, 완두의 색깔, 완두꽃의 색깔, 이렇게 세 쌍의 서로 다른 대립 형질을 가진 완두의 유전을 알아보려고 합니다.

완두꽃은 자주가 우성, 하양이 열성으로, 알파벳으로는 자주의 영어 단어인 퍼플(purple)의 p를 따서 자주(P), 하양(p)으로 나타낸답니다.

3가지 유전 형질이 나오니 복잡해지지요? 너무 어렵게 생각하지 말고 차근차근 풀어 보세요.

먼저 어버이 두 종류는 어떤 것을 골라야 할까요?

__자주 꽃이 피는 둥글고 노랑인 완두(PPRRYY)와 하양 꽃이 피는 주름지고 초록인 완두(pprryy)입니다.

그렇다면 잡종 제1대에서 나오는 완두의 표현형과 유전자형은 무엇일까요?

__자주 꽃이 피는 둥글고 노랑인 완두(PpRrYy)입니다.

그렇지요. 그리고 잡종 제2대에서 나올 수 있는 완두의 표현형은 총 8가지가 나올 수 있습니다.

자주 꽃, 둥글고 노랑인 완두
자주 꽃, 둥글고 초록인 완두
자주 꽃, 주름지고 노랑인 완두
자주 꽃, 주름지고 초록인 완두
하양 꽃, 둥글고 노랑인 완두
하양 꽃, 둥글고 초록인 완두
하양 꽃, 주름지고 노랑인 완두
하양 꽃, 주름지고 초록인 완두

처음 실험에 사용했던 완두의 형질은 모두 7가지였습니다. 기억하고 있지요? 그렇다면 7가지 형질을 모두 갖고 있는 완두를 교배했을 때 나올 수 있는 자손의 표현형 형태는 모두 몇 가지나 될까요?

한 번에 계산하기가 너무 어려운가요? 그럼 차근차근 풀어 보지요.

완두의 색깔과 관련되어 나올 수 있는 완두의 표현형은 몇 가지인가요?

__노랑과 초록 2가지였습니다.

완두의 색깔과 모양의 유전으로 나올 수 있는 완두의 표현형은 몇 가지인가요?

__둥글고 노랑인 완두, 둥글고 초록인 완두, 주름지고 노랑인 완두, 주름지고 초록인 완두 4가지였습니다.

완두꽃의 색깔과 완두의 색깔, 모양의 3가지 형질이 유전으로 나올 수 있는 표현형은 몇 가지인가요?

__자주 꽃-둥글고-노랑인 완두, 자주 꽃-둥글고-초록인 완두, 자주 꽃-주름지고-노랑인 완두, 자주 꽃-주름지고-초록인 완두, 하양 꽃-둥글고-노랑인 완두, 하양 꽃-둥글고-초록인 완두, 하양 꽃-주름지고-노랑인 완두, 하양 꽃-주름지고-초록인 완두 이렇게 8가지였습니다.

자, 이렇게 정리하고 보니 무엇인가 규칙성이 보이지요?

1가지 형질에 나올 수 있는 표현형은 2가지,
2가지 형질에 나올 수 있는 표현형은 4가지,
3가지 형질에 나올 수 있는 표현형은 8가지이므로
형질의 개수만큼 2를 곱해 주면 표현형의 개수가 나온다.

따라서 7가지 형질을 모두 가진 완두가 가질 수 있는 표현형의 개수는 $2 \times 2 \times 2 \times 2 \times 2 \times 2 \times 2 = 128$가지가 됩니다.

아 홉 번 째 수 업

9

순종과 잡종을 어떻게 구별할 수 있을까요?

둥근 완두콩이 순종인지 잡종인지 어떻게 구별할 수 있을까요?
검정 교배를 통해서 알아볼 수 있답니다.

9

아홉 번째 수업

순종과 잡종을 어떻게 구별할 수 있을까요?

교. 중등 과학 3 8. 유전과 진화
과.
연.
계.

멘델이 순종과 잡종의 구분에 관하여 아홉 번째 수업을 시작했다.

여러분, 제가 손에 들고 있는 게 뭔지 보이나요? 바로 둥근 모양의 완두콩과 주름진 모양의 완두콩입니다. 이것은 내가 직접 키운 완두콩이지요.

그런데 이 완두콩을 어떻게 순종과 잡종으로 구별할 수 있을까요?

__주름진 완두콩은 순종입니다. 주름진 형질은 열성이기 때문에 순종일 때만 주름진 모양으로 나타나요.

네, 잘 알고 있군요. 그렇다면 이 둥근 완두콩은 순종일까요, 아니면 잡종일까요?

__둥근 완두콩은 표현형으로는 우성이지만, 유전자형은 순종인지 잡종인지 알 수 없습니다. 만일 유전자형이 RR라면 순종일 것이고, Rr이라면 잡종일 테니까요.

그렇다면 여기서 다음과 같은 사실을 알 수 있겠네요.

열성 형질의 표현형으로 나타나는 것은 순종이다.

우성 형질의 표현형으로 나타나는 것은 순종인지 잡종인지 알 수 없다.

나는 표현형은 우성이지만 유전자형이 순종인지 잡종인지 구별할 수 없는 완두를 알아보는 방법을 골똘히 궁리해 보았답니다. 그 결과 한 가지 방법을 생각해 냈지요. 그것은 바로 우성 형질을 나타내는 완두와 열성 순종인 완두를 교배시키는 방법이었어요. 이 방법을 검정 교배라고 이름을 붙였습니다.

검정 교배는, 열성 형질을 가진 순종은 항상 열성 형질의 유전자만 들어 있는 꽃가루와 밑씨를 만든다는 것에서 아이디어를 얻은 것입니다.

만일 이 둥근 완두콩이 순종이라면, 순종의 둥근 완두와 순종의 주름진 완두를 교배시키면 자손은 항상 둥근 완두콩만 나올 것입니다. 이것은 앞에서 말한 우열의 법칙에 따라 나타나는 것으로, 순종의 둥근 완두(RR)와 순종의 주름진 완두(rr) 사이의 교배에서 나타나는 자손은 Rr의 유전자형을 가지고 있으며, 표현형은 모두 둥근 완두로 나타나게 됩니다.

만일 이 둥근 완두콩이 잡종이라면, 잡종의 둥근 완두(Rr)와 순종의 주름진 완두(rr) 사이의 교배에서 나타나는 자손은 둥근 완두(Rr)와 주름진 완두(rr)가 1 : 1의 분리비로 나타날 것입니다.

이것은 다음과 같은 그림으로 나타낼 수 있습니다.

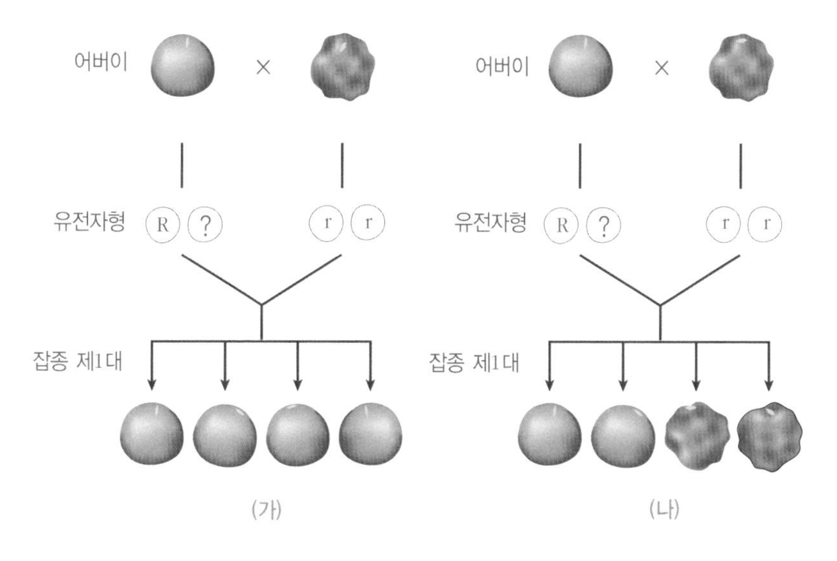

(가)와 (나)의 둥근 완두의 유전자형은 어떻게 될까요?

__(가)는 잡종 제1대의 완두가 모두 둥근 것으로 보아 유전자형이 RR인 순종이고, (나)는 잡종 제1대의 완두가 둥근 것과 주름진 것의 비율이 1 : 1인 것으로 보아 유전자형이 Rr인 잡종입니다.

네, 맞아요. 지금까지 배운 내용을 다음과 같이 정리해 볼 수 있습니다.

우성으로 표현되는 개체의 유전자형을 알기 위해서는 열성 순종의 개체와 교배시켜서 잡종 제1대의 자손에게 나타나는 형질을 보고 판단해야 한다.

그렇다면 둥글고 노랑인 완두가 순종인지 잡종인지 알아보기 위해서는 어떻게 해야 할까요?

__열성 순종인 주름지고 초록인 완두와 검정 교배를 시켜 나오는 자손의 형질을 알아봅니다.

네, 맞아요. 검정 교배를 하면 완두가 어떤 유전자형을 가지고 있는지도 알 수 있습니다. 둥글고 노랑인 완두의 표현형은 1가지이지만, 유전자형은 다음의 4가지가 있습니다.

RRYY, RRYy, RrYY, RrYy

순종인지 잡종인지 알지 못하는 둥글고 노랑인 완두와 열성 순종인 주름지고 초록인 완두를 교배하였을 때 잡종 제1대에 나오는 자손의 형질을 살펴보면 다음과 같습니다.

① 둥글고 노랑인 완두의 유전자형이 RRYY일 경우

꽃가루와 밑씨의 유전자 종류		주름지고 초록인 완두에서 만들어지는 유전자			
		ry	ry	ry	ry
둥글고 노랑인 완두에서 만들어지는 유전자	RY	RrYy	RrYy	RrYy	RrYy
	RY	RrYy	RrYy	RrYy	RrYy
	RY	RrYy	RrYy	RrYy	RrYy
	RY	RrYy	RrYy	RrYy	RrYy

잡종 제1대에서 나오는 자손의 형질 : 모두 둥글고 노랑인 완두만 나온다.

② 둥글고 노랑인 완두의 유전자형이 RRYy일 경우

꽃가루와 밑씨의 유전자 종류		주름지고 초록인 완두에서 만들어지는 유전자			
		ry	ry	ry	ry
둥글고 노랑인 완두에서 만들어지는 유전자	RY	RrYy	RrYy	RrYy	RrYy
	RY	RrYy	RrYy	RrYy	RrYy
	Ry	Rryy	Rryy	Rryy	Rryy
	Ry	Rryy	Rryy	Rryy	Rryy

잡종 제1대에서 나오는 자손의 형질 : 둥글고 노랑인 완두와 둥글고 초록인 완두가 각각 1 : 1의 비율로 나온다.

③ 둥글고 노랑인 완두의 유전자형이 RrYY일 경우

꽃가루와 밑씨의 유전자 종류		주름지고 초록인 완두에서 만들어지는 유전자			
		ry	ry	ry	ry
둥글고 노랑인 완두에서 만들어지는 유전자	RY	RrYy	RrYy	RrYy	RrYy
	RY	RrYy	RrYy	RrYy	RrYy
	rY	rrYy	rrYy	rrYy	rrYy
	rY	rrYy	rrYy	rrYy	rrYy

잡종 제1대에서 나오는 자손의 형질 : 둥글고 노랑인 완두와 주름지고 노랑인 완두가 각각 1 : 1의 비율로 나온다.

④ 둥글고 노랑인 완두의 유전자형이 RrYy일 경우

꽃가루와 밑씨의 유전자 종류		주름지고 초록 완두에서 만들어지는 유전자			
		ry	ry	ry	ry
둥글고 노랑인 완두에서 만들어지는 유전자	RY	RrYy	RrYy	RrYy	RrYy
	Ry	Rryy	Rryy	Rryy	Rryy
	rY	rrYy	rrYy	rrYy	rrYy
	ry	rryy	rryy	rryy	rryy

잡종 제1대에서 나오는 자손의 형질 : 둥글고 노랑인 완두, 둥글고 초록인 완두, 주름지고 노랑인 완두, 주름지고 초록인 완두가 각각 1 : 1 : 1 : 1의 비율로 나온다.

따라서 둥글고 노랑인 완두의 유전자형을 알고 싶을 때는 주름지고 초록인 완두와 교배를 하여 얻은 잡종 제1대에 나오는 완두의 모양과 나타나는 비율을 살펴보면 됩니다.

만화로 본문 읽기

무슨 고민이 있나요?

똑같이 둥근 모양의 완두인데, 이 중 어느 것이 순종인지 구분하기 위해서 어떻게 해야 할지 모르겠어요.

그것은 검정 교배라는 방법으로 알 수 있어요.
검정 교배요?

검정 교배는 우성으로 표현되는 개체의 유전자형을 알기 위해 열성 순종의 개체와 교배를 시키는 방법으로, 잡종 제1대에서 나타나는 형질로 순종인지를 판단할 수 있답니다.

만일 이 둥근 완두콩이 순종(RR)이라면, 주름진 완두콩의 순종(rr)과 교배시키면 자손의 표현형(Rr)은 모두 둥근 완두로 나타나게 되겠지요.
X
[RR]
[rr]
[Rr]

만일 이 둥근 완두콩이 잡종이라면, 잡종의 둥근 완두(Rr)와 순종의 주름진 완두(rr) 사이의 교배에서 나타나는 자손은 둥근 완두(Rr)와 주름진 완두(rr)가 1 대 1의 분리비로 나타날 것입니다.
아, 그렇군요.

열 번째 수업 10

멘델의 법칙은 항상 성립할까요?

모든 유전 현상이 멘델의 법칙에 따라 나타나는 것은 아니랍니다.
멘델의 법칙이 성립하지 않는 예는 어떤 것이 있을까요?

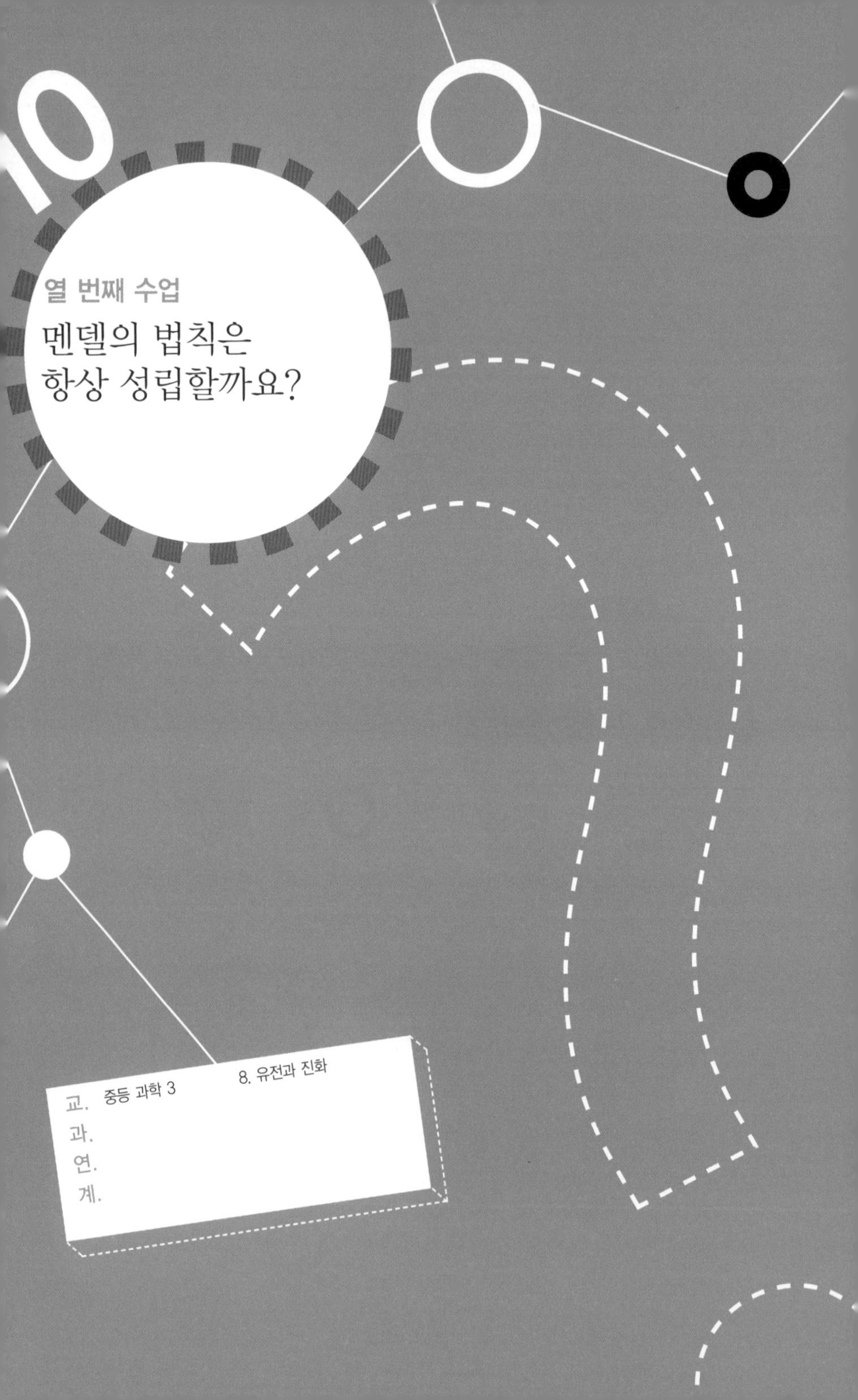

10

열 번째 수업

멘델의 법칙은 항상 성립할까요?

교. 중등 과학 3 8. 유전과 진화
과.
연.
계.

멘델은 무엇인가를 고민하는 것처럼 열 번째 수업을 시작했다.

나는 8년간 완두를 가지고 실험을 하여 유전의 기본 원리와 유전 법칙을 알아냈답니다. 내가 실험하기 전에 세웠던 가정과 일치하는 결과를 얻어 기뻤지요. 그래서 학회에 가서 그동안 내가 연구했던 내용을 발표하기도 했고요.

그러나 유전 연구에 수학을 이용한 것을 동료 과학자들이 낯설게 생각하고 내용을 잘 이해하지 못하는 것 같아 아쉬움이 남았습니다.

그동안 유전 연구는 여러 가지 형질이 어떻게 나타나는지 자세하게 기록하는 것이 일반적으로, 내가 한 것처럼 통계를 이용해서 수치를 기록하는 방법은 사용하지 않았거든요.

나는 완두를 대상으로 유전 연구를 끝마친 이후에 다른 식물을 대상으로 유전 연구를 계속하였답니다. 그런데 한 가지 문제가 생겼어요. 어떤 식물의 경우는 완두에서의 결과와 마찬가지로 내가 세운 법칙대로 유전되는 현상을 관찰했는데, 어떤 식물은 전혀 다른 결과가 나오는 것이에요. 나는 그 현상에 대해 여러 가지로 고민해 봤지만 별다른 해답이 떠오르지 않더군요. 결국 유전에는 예외가 있다라는 결론을 내릴 수밖에 없었답니다.

풀리지 않는 나의 의문은 후배 과학자인 코렌스(Carl Correns, 1864~1933)에 의해서 해결되었지요. 내가 무척 궁금하게 생각했던 내용이기 때문에 내가 한 연구는 아니지만 여러분에게 소개하려고 합니다.

독일의 과학자인 코렌스는 분꽃이 내가 만든 유전 법칙대로 유전하는지를 알아보기 위해 순종의 붉은 분꽃과 하양 분꽃을 교배하였습니다.

우열의 법칙대로라면 잡종 제1대에서는 하양 또는 붉은색 분꽃이 나와야 할 텐데 이상하게도 붉은색과 하양의 중간색인 분홍이 나타났습니다. 즉, 우성의 형질이 무엇인지 알 수 없었던 것이지요.

이 분홍 분꽃을 다시 자가 수분을 시켜 잡종 제2대를 얻었더니 붉은색 분꽃과 분홍 분꽃, 하양 분꽃이 1 : 2 : 1의 비율로 나타났습니다.

코렌스는 분꽃의 색깔 유전을 간단하게 설명하기 위해서 다음 그림과 같이 나타냈습니다.

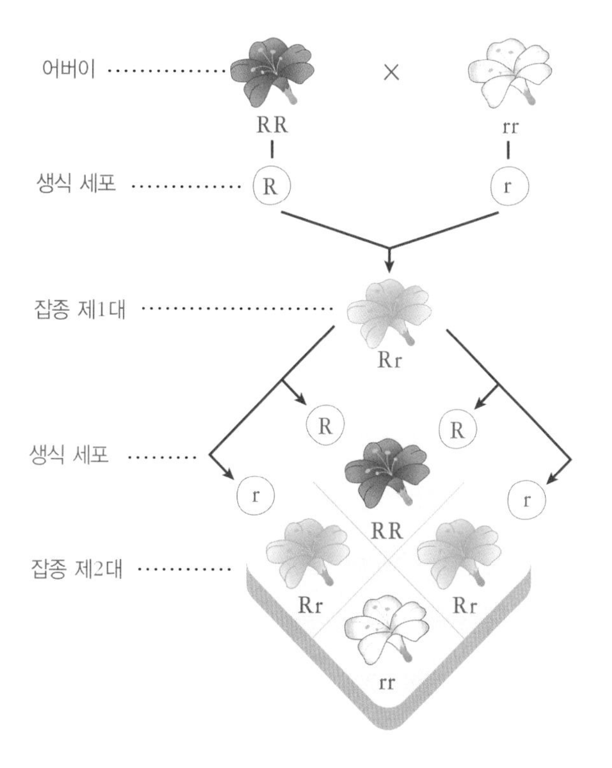

분꽃의 색깔을 나타내는 유전자를 붉은색이 우성이라고 가정한 다음 붉은색의 영어 단어인 레드(red)의 앞글자 r을 따서 붉은색은 R, 하양은 열성이라고 가정하고 r이라고 했습니다.

따라서 어버이의 순종 붉은색 분꽃은 RR 유전자를 가지고, 순종 하양 분꽃은 rr 유전자를 가집니다. 순종 붉은색 분꽃의 꽃가루와 밑씨는 R 유전자 하나만을 갖고, 순종 하양 분꽃의 꽃가루와 밑씨는 r 유전자 하나만을 갖습니다. 잡종 제1대에 나온 분꽃은 Rr 유전자를 가지며 표현형은 분홍입니다. 이것을 보고 코렌스는 다음과 같은 결론을 내렸습니다.

분꽃의 붉은색 유전자와 하양 유전자 사이에는 우열의 관계가 불분명하여 잡종 제1대에서 어버이의 중간 형질이 나타난다. 이런 현상을 **중간 유전**이라고 한다.

중간 유전을 다른 말로 불완전 우성이라고도 합니다.

잡종 제1대의 분홍 분꽃은 R 또는 r를 가진 밑씨를 만들고, R 또는 r를 가진 꽃가루를 만듭니다. 그러므로 자가 수분을 하게 되면 잡종 제2대에서는 RR : Rr : rr의 비가 1 : 2 : 1이 됩니다. 붉은색 형질이 하양 형질에 대해 불완전 우성이기 때문에 표현형으로 나타내면, 붉은색 분꽃 : 분홍 분꽃 : 하양 분꽃 = 1 : 2 : 1이 되므로 이는 유전자형의 비와 같습니다.

분꽃의 꽃 색깔 유전은 중간 유전으로 표현형의 분리비는 비록 멘델의 법칙에 어긋나지만, 유전자형의 비는 멘델의 유전 법칙을 따르고 있다는 것을 알 수 있습니다.

위의 분꽃 유전은 멘델의 유전 법칙 중 어느 법칙과 맞지 않는 것일까요?

__ 우열의 법칙과 맞지 않습니다.

네, 맞습니다. 내가 발견했던 우열의 법칙은 1쌍의 대립 형질에서 우성인 형질과 열성인 형질이 같이 있을 경우 우성 형질만 나타난다는 것으로, 중간 유전에는 해당되지 않습니다.

그러나 분리의 법칙은 분꽃의 유전에서도 성립한답니다.

만화로 본문 읽기

순종의 붉은 분꽃과 흰 분꽃을
교배시켰는데, 우열의 법칙대로
붉은 분꽃이 나오지 않고 붉은색과
흰색의 중간색인 분홍 분꽃이
나왔습니다.
아,
정말 그러네요.

또, 분홍 분꽃으로 잡종 제2대를
얻었더니 붉은 분꽃과 분홍 분꽃,
흰 분꽃이 1 : 2 : 1의 비율로 나
타났어요.

그래서 나는 분꽃과 같이 우열 관계가 불
분명하여 잡종 제1대에 어버이의 중간 형
질이 나타나는 현상을 중간 유전이라고 부
르기로 했어요.
우아~

그럼, 중간 유전은 다른 말로 불
완전 우성이라고도 할 수 있겠네
요. 중간 유전은 멘델의 유전 법
칙 중 우열의 법칙과는 맞지 않는
건가요?
네, 우열의 법칙과는
맞지 않습니다.

하지만 유전자형의 비는
멘델의 유전 법칙을 따르
고 있어요.
대단하세요~ 코렌스
선생님, 멘델 선생님이
못 풀던 의문을 해결
하셨네요.

마지막 수업 11

멘델의 법칙과 사람의 유전 형질

사람의 유전 형질은 멘델의 유전 법칙에 따라
유전되는 것일까요?

11

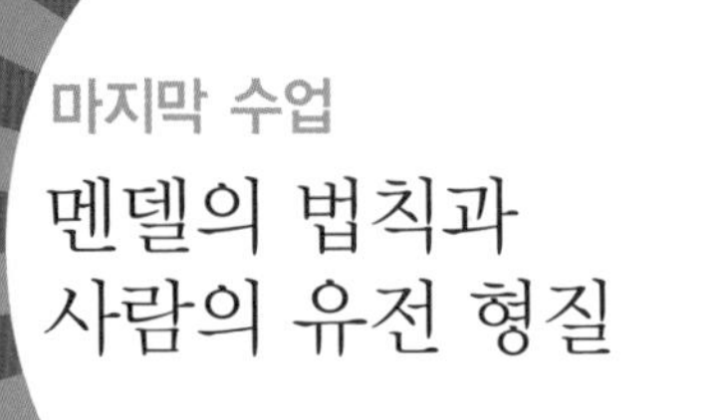

마지막 수업

멘델의 법칙과 사람의 유전 형질

교.과.연.계.

중등 과학 3 8. 유전과 진화
고등 생물 I 8. 유전

멘델이 약간 아쉬운 듯한 표정으로
마지막 수업을 시작했다.

지난 시간까지 내가 연구한 유전 법칙에 대해 공부하느라 고생이 많았습니다. 나는 형질의 차이가 뚜렷한 완두를 이용하여 실험을 하였기 때문에 유전의 규칙성을 쉽게 찾아낼 수 있었지만, 사람의 유전 형질을 연구하는 데는 다음과 같은 여러 가지 어려움이 있습니다.

1. 한 세대가 길기 때문에 시간이 오래 걸린다.
2. 자손의 수가 적으므로 통계를 내기가 어렵다.
3. 마음대로 교배를 할 수 없다.

4. 유전 형질이 다른 생물보다 훨씬 많다.

5. 환경에 의한 차이가 날 수 있다.

여기서 환경에 의한 차이가 날 수 있다는 말의 뜻이 무엇인지 모르는 학생도 있을 것 같아 예를 들어 보겠어요.

예를 들어, 키가 큰 부모님에게서 태어난 아이는 부모님께 키가 큰 유전자를 물려받았을 것입니다. 따라서 키가 작은 부모님에게서 태어난 아이보다 더 키가 클 가능성이 높다고 말할 수 있지요. 하지만 항상 그런 결과가 나올까요?

이런 경우를 생각해 봅시다. 부모님 두 분 모두 키가 큰 아이가 있습니다. 그런데 아이는 편식을 해서 키가 크는 데 필요한 영양분을 충분히 섭취하지 못하고, 운동도 열심히 하지 않았어요. 반대로, 부모님은 두 분 다 키가 작지만 매일 골고루 영양분을 섭취하고 운동 또한 열심히 하는 아이가 있습니다. 이런 경우에 키가 작은 부모님을 둔 아이가 키가 더 클 가능성이 높겠지요? 이처럼 유전 형질은 유전자의 영향뿐만 아니라 환경 요인에 의해서도 영향을 받는답니다.

사람의 유전 연구는 위와 같은 어려움 때문에 간접적인 방법으로 이루어집니다. 즉, 가계도 조사, 집단에 대한 통계 조사, 쌍생아 연구 등의 방법이 있습니다.

가계도는 어떤 유전 형질이 가계를 따라 후손에게 어떻게 나타나는지를 그린 것입니다. 가계도는 아래 그림과 같이 나타내는데, 가계도를 만드는 법은 다음과 같습니다.

1. 가장 왼쪽에는 세대를 적는다.
2. 부부는 가로선으로, 자녀는 세로선으로 표시하며 태어난 순서대로 기록한다.
3. 남자는 ■로, 여자는 ●로 나타낸다.
4. 이상이 있는 유전 형질은 ■, ●로 나타낸다.

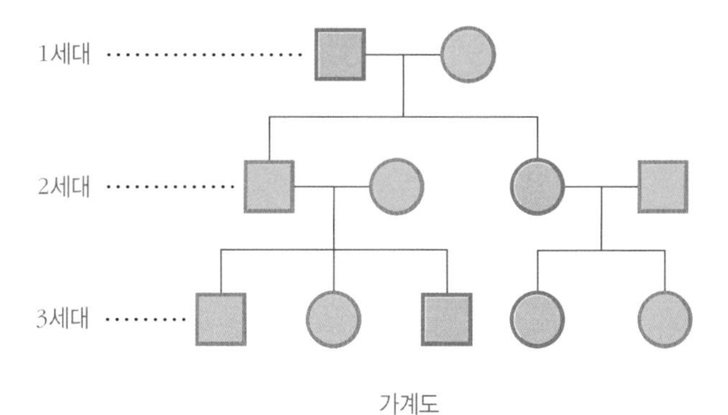

가계도

가계도를 보면 각 세대간의 구성원, 남녀, 유전 형질의 이상 유무를 알 수 있습니다. 가계도는 일반적으로 유전병을 연구할 때 많이 사용되는 방법이지요. 그러나 가계도의 경우 자손의 수가 적기 때문에 유전 법칙을 정확하게 밝히기는 어렵습니다. 그래서 집단에 대한 통계 조사까지 같이 하는 경우가 많습니다.

쌍둥이에는 일란성 쌍둥이와 이란성 쌍둥이가 있습니다. 일란성 쌍둥이는 유전자가 모두 같기 때문에 생김새와 성별, 기타 특징이 모두 같습니다. 이란성 쌍둥이는 유전자가 다르기 때문에 성별이 다르기도 하고 생김새와 특징도 다릅니다.

일란성 쌍둥이

이란성 쌍둥이

따라서 일란성 쌍둥이의 형질 차이는 환경의 영향을 받은 것이라고 할 수 있습니다. 그래서 일란성 쌍둥이 연구는 유전 연구에 있어서 환경의 영향을 알아보는 데 이용합니다.

이러한 여러 가지 방법으로 밝혀 낸 사람의 유전 형질에는 여러 가지가 있습니다. 얼굴의 모양이나 피부의 색깔 등 수많은 형질이 부모로부터 자식에게 유전된다는 사실은 이미 알려져 있지만, 이런 형질들은 완두의 형질과는 달리 사람마다 다양하게 나타나기 때문에 멘델의 유전 법칙이 성립하지 않습니다.

그러나 사람의 여러 가지 형질 중에서 우열 관계가 확실한 형질이 몇 가지 있습니다. 이는 가계도 연구 등의 방법을 통해 알아낸 것입니다.

어떤 유전 형질이 우성인지 열성인지 알고 있으면 부모님과 형제자매의 유전자형을 알아볼 수도 있답니다.

혀 말기를 예로 들어 볼까요? 혀 말기는 할 수 있는 형질이 우성, 할 수 없는 형질이 열성입니다.

아버지 : 혀 말기가 된다.

어머니 : 혀 말기가 안 된다.

아들 : 혀 말기가 된다.

딸 : 혀 말기가 안 된다.

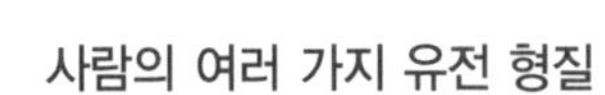

사람의 여러 가지 유전 형질

형질	우성	열성
혀 말기	할 수 있다	할 수 없다
이마 모양	곡선형	직선형
귓불 모양	늘어진 귓불	붙은 귓불
둘째발가락의 길이	엄지발가락 보다 길다	엄지발가락 보다 짧다
손 마디 사이의 털	있다	없다
엄지손가락 형태	휜다	휘지 않는다
머리카락 색깔	짙은색	옅은색
머리카락 모양	곱슬머리	곧은머리
코 모양	매부리코	낮은 코

여러분은 각각 어떤 형질을 가지고 있는지 거울을 보면서 확인해 보세요.

혀 말기가 되는 유전자를 U, 되지 않는 유전자를 u라고 했을 때 다음과 같은 사실을 알 수 있습니다.

1. 어머니와 딸은 혀 말기가 되지 않으므로 uu 유전자를 가지고 있다.
2. 아버지와 아들은 혀 말기가 되긴 하지만, 혀 말기는 우성 형질이므로 유전자형은 UU 또는 Uu를 가질 수 있다.
3. 혀 말기가 되는 아버지(UU 또는 Uu)와 되지 않는 어머니(uu) 사이에서 혀 말기가 안 되는 딸(uu)이 나왔으므로, 아버지한테는 혀 말기를 할 수 없는 u 유전자가 들어 있다. 따라서 아버지의 유전자는 Uu임을 알 수 있다.
4. 아들의 경우 아버지에게서 U 유전자를 받고 어머니에게서 u유전자를 받았으므로 Uu임을 알 수 있다.

완두의 유전과 마찬가지로, 사람의 경우에도 부모가 가진 대립 형질의 유전자가 자손에게 하나씩 전달되어 형질이 나타나는 것입니다. 부모의 유전자에 의해 자손이 어떤 형질을 가지게 되는지 다음의 간단한 활동을 통해 알아볼 수 있습니다.

준비물 : 동전, 셀로판테이프, 연필

방법

① 2명이 짝이 되어 한 명은 아버지, 다른 한 명은 어머니의 역할을 한다.

② 두 동전의 한쪽 면에는 A라고 쓴 종이를 셀로판테이프로 붙이고, 다른 쪽에는 a라고 쓴 종이를 붙인다.

③ 아버지와 어머니 역할을 맡은 두 사람이 동전을 동시에 던져서 나타난 문자와 일치하는 머리 형질을 그림에서 찾아 왼쪽의 얼굴에 그려 넣는다.

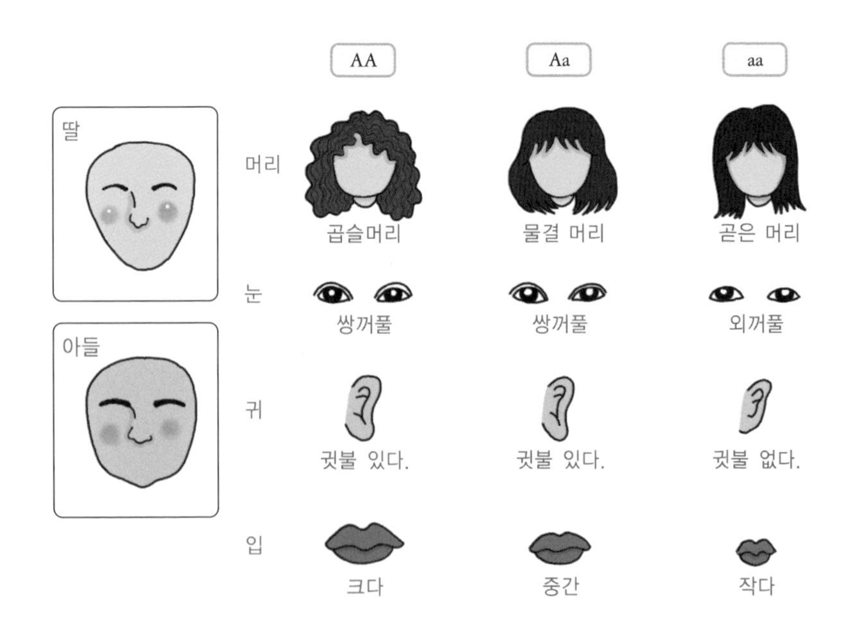

④ 과정 ③을 반복하여 눈, 귀, 입의 형질을 그려 넣어 아들과 딸의 그림을 완성한다.

어떤 결과가 나왔나요? 아들과 딸의 모습이 조금씩 다르지요? 여러 번 동전을 던져 여러 사람의 얼굴을 완성하면 매번 다양한 모습으로 나타날 것입니다. 이것이 같은 부모에게서 다양한 모습의 형제가 나오는 원리랍니다.

위에서 나온 형질 4가지를 다시, 우성과 열성으로 확실하게 구별이 되는 형질과 우성과 열성이 분명하지 않아 중간 형질이 나오는 것으로 구분해 볼 수 있습니다.

1. 머리는 AA일 경우 곱슬머리, Aa일 경우 물결 머리, aa일 경우 곧은 머리가 나왔다. → 머리카락 형질은 우열 관계가 분명하지 않은 중간 유전을 한다.
2. 눈은 AA일 경우 쌍꺼풀, Aa일 경우 쌍꺼풀, aa일 경우 외꺼풀이 나왔다. → 눈의 형질은 쌍꺼풀이 외꺼풀에 대해 우성이고, 우열의 법칙이 성립한다.
3. 귀는 AA일 경우 귓불이 있는 모양, Aa일 경우 귓불이 있는 모양, aa일 경우 귓불이 없는 모양이다. → 귀의 형질은 귓불이 있는 형질이 없는 형질에 대해 우성이고, 우열의 법칙이 성립한다.

4. 입은 AA일 경우 크고, Aa일 경우 중간이고, aa일 경우 작다. → 입의 크기는 우열 관계가 분명하지 않은 중간 유전을 한다.

그동안 수업 듣느라 고생 많았어요. 하지만 내가 발견한 유전 법칙이 유전에 대한 모든 것을 설명하지는 못해요. 나 말고도 다른 학자들의 끊임없는 연구와 실험을 통해 유전학이 점점 발달하고 있어요. 어떤 식으로 유전 형질이 유전되는지를 밝히고, 유전병의 치료 방법을 개발하고 있으며, 유전 공학이라는 학문으로 발전해 새로운 품종의 생물을 만들어 내는 등 분야와 범위가 점점 넓어지고 있지요. 그리고 이러한 유전학은 오늘날 우리 사회에 미치는 영향이 매우 크답니다.

여러분들도 유전학에 관심을 가지고 열심히 공부하기를 바랍니다.

과학자 소개

유전의 아버지, 멘델Gregor Johann Mendel, 1822~1884

아주 오랜 옛날부터 사람들은 자식이 부모의 형질을 닮는다는 것을 알고 있었지만, 어떻게 그러한 현상이 나타나는지에 대해서는 알지 못했습니다. 부모의 형질이 자손에게 물려지는 것을 유전이라고 하며, 멘델은 바로 이 유전의 비밀을 밝힌 과학자입니다.

멘델은 1822년 합스부르크 제국의 하이첸도르프의 한 농가에서 태어났습니다. 멘델은 공부를 잘했지만, 집이 가난했기 때문에 브륀에 있는 수도원의 수도사가 되었습니다. 수도사가 되면 돈 걱정 없이 공부를 할 수 있었기 때문입니다.

그는 1851년부터 2년간 빈 대학에서 공부하면서 자연 과학, 철학, 신학 등 많은 학문을 배웠는데 그중에서도 특히 식물학에 많은 관심을 가지게 되었습니다. 빈 대학에서 수도원으로 되돌아온 후, 그는 완두콩을 재료로 유전 연구를 시작하였습니다. 수도원의 마당에서 완두콩을 재배하면서 완두콩의 모양, 색깔, 키, 꽃의 색깔 등 여러 가지 형질이 자손에게 어떻게 유전되는지를 연구하며, 수학의 통계를 사용하여 유전의 세 가지 법칙을 발견했습니다. 이 법칙은 유전학의 기초가 되는 아주 중요한 것입니다. 멘델은 1865년에 브륀의 학회에서 〈식물 교잡에 관한 실험〉이라는 제목의 논문을 발표했지만, 발견의 중요성을 인정받지 못했습니다.

1884년 멘델이 죽고 난 후에도 16년간이나 그의 연구는 주목받지 못했지만 1900년에 더프리스, 코렌스, 체르마크라는 세 사람의 과학자가 따로 유전 연구를 하던 중 멘델의 연구와 같은 결과를 얻게 되어 멘델의 업적이 재조명되었습니다.

과학 연대표

언제, 무슨 일이?

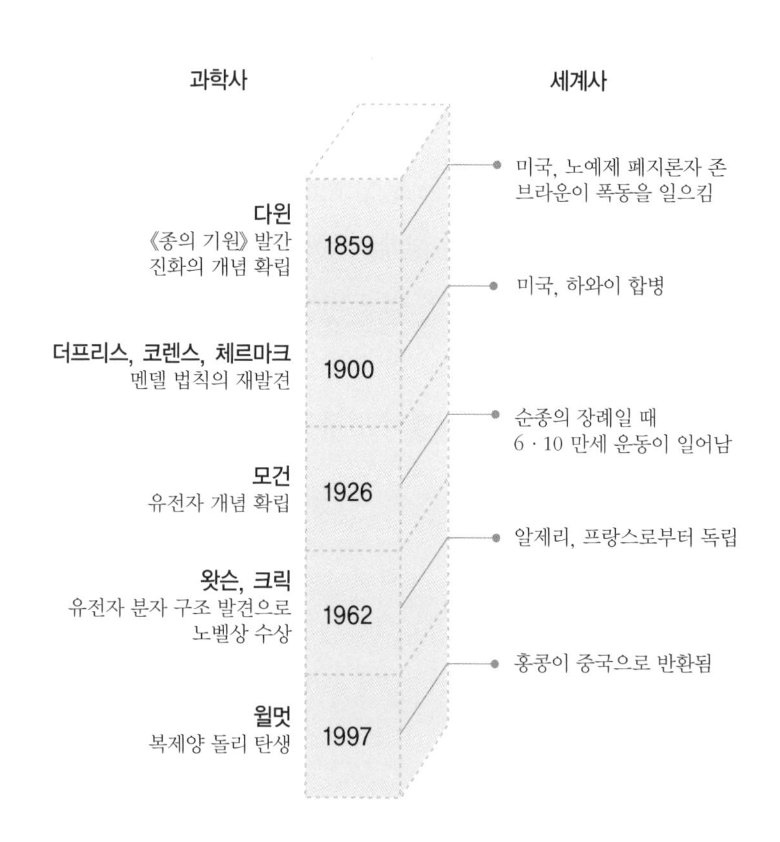

과학사
세계사
다윈
《종의 기원》 발간
진화의 개념 확립
1859
미국, 노예제 폐지론자 존 브라운이 폭동을 일으킴
더프리스, 코렌스, 체르마크
멘델 법칙의 재발견
1900
미국, 하와이 합병
모건
유전자 개념 확립
1926
순종의 장례일 때 6 · 10 만세 운동이 일어남
왓슨, 크릭
유전자 분자 구조 발견으로 노벨상 수상
1962
알제리, 프랑스로부터 독립
윌멋
복제양 돌리 탄생
1997
홍콩이 중국으로 반환됨

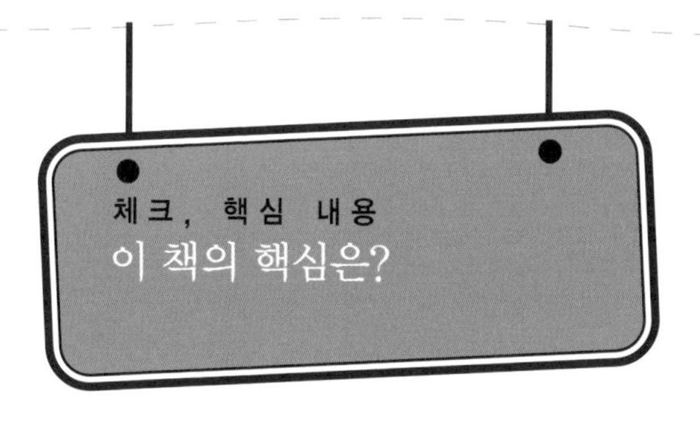

1. 부모의 형질이 자손에게 골고루 섞여 나온다는 이론을 □□□ 이라고 합니다.
2. 서로 상대적인 관계에 있는 형질을 □□ □□ 이라고 합니다.
3. 꽃의 구조 중 생식과 관련된 기관은 □□, □□ 입니다.
4. 우성과 열성 형질을 교배하면 자손 1세대에는 □□ 만 나옵니다.
5. 겉으로 드러난 형질을 □□□ 이라고 합니다.
6. 잡종 제2대에서 우성과 열성의 비율이 □ : □ 로 나타납니다.
7. 2쌍의 대립 형질은 다음 세대로 유전될 때 각각 독립적으로 행동하는데 이를 □□ 의 법칙이라고 합니다.
8. 순수한 우성 형질인지 알아보는 방법을 □□ □□ 라고 합니다.
9. 우성과 열성의 우열 관계가 불분명하게 나타나는 현상을 □□ □□ 이라고 합니다.

1. 혼합설 2. 대립 형질 3. 수술, 암술 4. 우성 5. 표현형 6. 3, 1 7. 독립 8. 검정 교배
9. 중간 유전

이슈, 현대 과학

멘델 유전과 사람의 유전병

멘델이 연구한 완두와는 달리 사람을 대상으로 연구하는 유전학자들은 임의로 사람들을 결혼시켜 자손의 형질을 연구할 수 없었습니다. 그래서 주로 간접적인 방법을 많이 사용하지요. 일란성 쌍둥이를 대상으로 서로 다르게 나타나는 형질을 연구하거나, 특정 질병이 나타나는 집안의 가계도를 연구하기도 하고, 통계 방법을 사용해 특정 질병이 백인, 흑인, 황인들에게서 얼마만큼의 빈도로 나타나는지 등을 연구한답니다. 이런 연구 결과 중 유명한 것은 영국 빅토리아 여왕의 가계도를 조사하여 혈우병(한번 피가 나면 멈추지 않는 유전병)이 어떻게 유전되는지 알아낸 것이 있습니다.

사람에게 치명적으로 작용해서 생명을 빼앗아 가기도 하는 유전병의 유전 현상도 멘델의 유전 법칙을 따르기 때문에 어느 정도는 예측이 가능합니다. 사람의 유전병은 대부분이 열성으로 유전됩니다. 예를 들어, 피부에 멜라닌 색소가 없어서 피부와 머리카락이 하얗고, 눈동자는 빨간 알비노병은 열성으로 유전되는 대표적인 질병입니다. 그래서 대부분 부모는 정상이지만, 자식이 알비노병을 가지고 태어납니다. 이 경우 부모 모두 알비노 유전 형질을 하나씩 가지고 있는데(보인자), 자식에게 이 알비노 유전 형질 2개가 물려져 증상이 나타나는 것이지요.

해로운 유전병은 대부분 열성 형질로 나타나지만, 우성 형질로 나타나는 경우도 있습니다. 유전병 형질 하나만 있어도 병에 걸린다는 것인데, 헌팅턴 무도병이 대표적입니다. 헌팅턴 무도병은 신경계에 이상이 생기는 유전병으로 자신의 의지에 관계없이 모든 부위가 제멋대로 움직이게 되고, 뇌세포가 없어져 기억력과 판단력도 떨어집니다. 운동 능력도 사라지므로 시간이 지나면 말하는 것도, 음식을 삼키는 것도 하지 못해 결국 죽게 됩니다. 굉장히 무서운 유전병이지만, 40대 이후에 나타나기 때문에 자신이 병에 걸린 줄도 모르고 결혼한 환자가 자식을 낳았을 경우 자손에게도 이 병을 물려줄 수 있습니다.

찾아보기

어디에 어떤 내용이?